U0040164

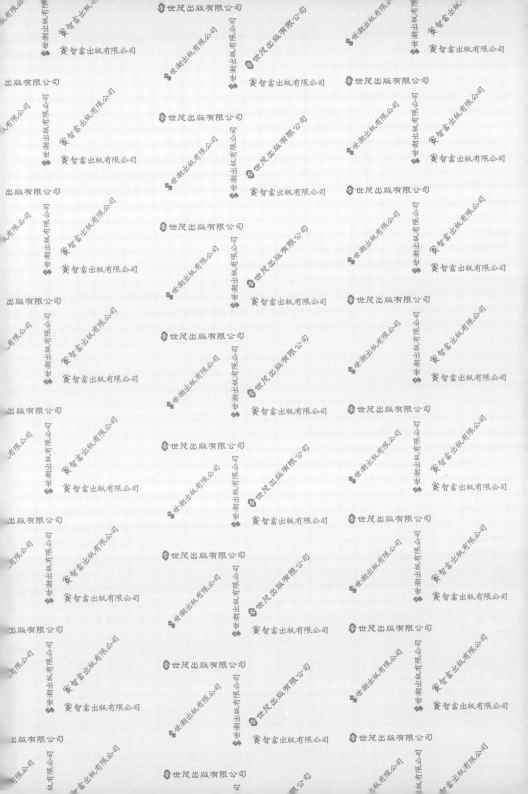

人生の教科書──数学脳を作る

要賺大錢
你心裡要先有 **數**

看穿事物的本質 的 數學腦

作者／藤原和博、岡部恒治

審訂／洪萬生　　翻譯／陳昭蓉、李佳嬅

本書原名為《颱風時，木桶商就能賺大錢》

現易名為《要賺大錢你心裡要先有「數」──看穿事物的本質的數學腦》

《成語林》一書中說道：「颳起大風時，因砂塵進入眼睛，使人不斷揉眼導致失明的人大增。這樣一來，彈奏三味線維生的人會變多（在日本大多數視障者的職業）。於是製琴所需貓皮的需求量增多，只得殺貓取得，造成貓隻數目減少，一旦貓隻減少老鼠就會增加，而被咬壞的木桶也因此變多。那麼木桶商的訂單就會如雪片般飛來而賺得大錢。」

以上敍述示範了培養數學腦八大技巧之一的「類推技巧」。

如果你是股票投資人、證券分析師、企業經營者，這樣的類推技巧將能助你看到未來趨勢，為未來可能的變動做最好的準備與因應措施。跟著本書每個章節的腳步，你將能一步步習得更多技巧，進而具備看穿事物本質與解決問題的能力。

為什麼一定要學數學呢？

　　話說回來，什麼才是「現實世界」裡最重要的「數學能力」？

　　《刮風時，木桶商就能賺大錢？——看穿事物本質的數學腦》就是從此問題誕生而來的書。

　　雖然用九九乘法快速計算出該找多少零錢的「計算能力」很重要，但是，在此我們先將它視為小學的課程範圍，暫時不予討論。本書討論的數學，是國中「選修數學」和高中「基礎數學」應該涵蓋的範圍。

　　然而，本書的目的不只是解題。作者透過精心安排，將書中談到的數學主題，和我們在「現實世界」裡發生的事物或現象相連結（建立關係）。本書可以回答孩子們經常提問、而且最讓人難以回答的問題

　　「為什麼一定要學數學呢？」

　　透過本書的介紹，孩子們就能了解「現實世界」中隱藏了許多數學思維。把書中的問題當成益智遊戲一一破解的同時，

無形中就鍛鍊了「數學式思維」，也就是看穿事物本質、找出問題核心的能力。所以，對於討厭數學、碰到數學就頭大、或者對數學敬而遠之的上班族和家庭主婦等，本書也算是讓各位重拾數學的絕佳機會，讓你們可以一邊享受數學思考的樂趣，一邊學習數學。本書的誕生，就是為了讓你與「現實世界」裡實際發生的數學能夠更加順暢溝通。

例如，市場上出現的新商品，通常是諸多要素的組合。光看照相技術就能發現不少例子。例如，鏡頭＋底片＝立可拍相機、數位相片＋即時影印機＋貼紙＝大頭貼、手機＋數位相機＝可用手機的 MMS 多媒體訊息傳送相片。在商品開發的領域中，「合併技巧」是常見的做法。然而，如果商人無法看穿消費者需求的本質，也可能只會併湊出毫無意義的組合，結果只不過是製造出缺乏魅力的商品罷了。

另一方面，當我們想要分析現代社會諸多複雜的問題（例如，環境問題）並尋求解決策略時，如果把複雜的問題再複雜化，恐怕怎麼也找不到事情的關鍵所在。這時候，我們應該細分問題所含的種種要素，以「區別技巧」找出問題所在。因此，「合併技巧」和「區別技巧」都算是「數學式思維」中的重要關鍵技巧。

除此之外，本書列舉了許多問題，主要目的就在於讓讀者學會把問題抽象化、掌握將多餘資訊去除的「捨棄技巧」。當你碰到難題時，能夠運用「簡化技巧」解決問題。希望大家能夠培養真正的數學腦，準確切實地處理「現實世界」中發生的問題。然後再加上「靠邊技巧」、「直觀技巧」、「近似技巧」、「類推技巧」，這就是作為本書主軸的八種技巧。

以上八種技巧都是構成「看穿事物本質的數學腦」的重要技巧。

在真實社會中，除了科學家、技術人員、建築師、證券分析師等職業外，使用數學這門學問的機會可能不多。然而，以「現實世界」中所需的生存技巧來說，具備「數學思維」毫無疑問的是百利而無一害。

如果你可以藉由本書養成「看穿事物本質的數學腦」，相信你一定會發現自己已經獲得掌握未來的能力了。

本書是由埼玉大學的數學家岡部恒治教授、插畫家長濱孝廣先生和我共同完成的。我目前擔任「現實世界」課程的實施指導員，希望能夠將「現實世界」的實際情況更確實地融入學校課程。

此外，衷心感謝品川女子學院中學部的相關同仁，將本書的內容融入實際課程並加以實施，同時感謝數學科鈴木仁老師擔任指導教師。

本書的編輯群與所有作者都希望能夠藉由本書，釐清什麼才是現代人在 21 世紀需要的「數學能力」，或者說是「看穿事物本質的數學腦」。

同時，我們深切地希望，看了這本書後，孩子們可以不再討厭數學、抗拒數學。

藤原和博

目錄

前言

第 Chapter 1 章

真的不同類嗎？

「數學只有一種答案」的誤解

也許有人會認為：「不同類？那根本和數學無關！」不過，找出不同類的這種感覺，和我們學習數學時培養的重要能力密切相關。

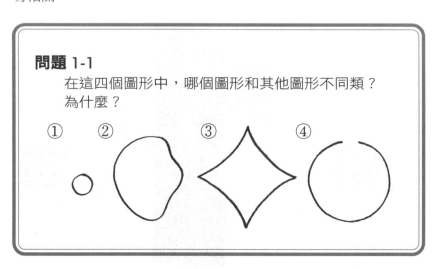

問題 1-1

在這四個圖形中，哪個圖形和其他圖形不同類？為什麼？

① ② ③ ④

問題1-1 的思考

絕大多數的人都會回答「圖形④是不同類的」，不過答案其實有很多種。

首先，為什麼「圖形④是不同類的」？

因為圓圈的線斷掉了。原來如此，這是個很棒的發現。可是，還有別的解釋方法。把這四個圖形畫到紙上，再拿美工刀沿著線割開。圖形①到③都會與紙張分離，只有圖形④無法脫離紙張。因為「線斷掉了」，所以「即使切割後也無法和紙張完全分離」。換句話說，這代表「圖形沒有跟紙張分成兩個部分」。

下一個常見的回答是圖形②。如果我們把剛才剪下來的圖形，沿著縱向的中央線對折，就會發現除了圖形②外，其他圖形的左右兩邊會完全對稱。即使把圖形②對折，左右兩邊也不會對稱。沿著線對折後，兩邊會重疊對稱的圖形，稱為「線對稱圖形」。圖形①、③、④都屬於線對稱圖形，只有圖形②不是。

最少人選的答案是圖形①。不過，圖形①也有其不同的要素。原因在於這個圖形很「小」。把剛才剪下來的圖形全部疊在一起比較，你可以一眼就看出圖形①比其他圖形小很多。但大家往往不會把它當成不同類，因為「小」這樣的答案實在太簡單了，反而讓人懷疑這種答案也許不正確。

然而「簡單的」、「原始的」，常常也可以說是「基本的」。換句話說，簡單的事物通常含有許多重要的意義，正因為簡單反而不能忽略的事很多。

最後，再談談圖形③。同樣地，很少人會說圖形③是不同類的圖形。不過，圖形③「具有尖角」的特點就是其他圖形所沒有的。

大家都是不同類

解答問題 1-1 的時候，也許有人會認為：「既然是數學問題，正確答案應該只有一個。」可是，每個圖形和其他圖形不同類的原因各不同。這些不同的看法，會在不同情況下派上用場。

例如，對於從事房地產相關行業的人來說，判斷土地大小的感覺非常重要，所以，他們應該會馬上注意到圖形①。

對於有志從事設計相關行業的人來說，判斷對稱的感覺相當重要，所以，他們應該會注意到圖形②。

另外，設計鐵軌路線時不可或缺的感覺，則和圖形③有關。如果設計鐵軌路線的人覺得「有四個尖角也沒關係」，恐怕會出大問題。鐵軌路線的設計者非常注重防範事故於未然，所以，他們對於較尖銳的部分會特別注意，也就是說，他們對於急轉彎的感覺會比較敏銳。

對於動物園的餵食人員來說，圖形④更是攸關生死的問題。如果他們認為「反正有鐵柵欄，所以即使有缺口也很安全」，因此對著獅子大喊「吃飯囉！」獅子很可能會從鐵柵欄的缺口跑出來，把他們生吞活剝。實際上，柵欄當然不該有缺口。不過，對於動物園的餵食人員來說，柵欄的門是否確實關好，就像曲線有沒有缺口一樣，是最需要注意的地方。

上述提及的軌道設計者和動物園的餵食人員等等，純粹只是玩笑話。不過，我們在日常生活中，其實經常在無意間訴諸「不同類」的感覺。例如，機器在讀取手寫文字的時候，會以文字突出或相連的部分作判斷，這個問題我們在第 4 章還會詳細說明。

　　以前，德國數學家 F・克萊恩（Felix Klein）說過：「幾何學（也可以說是數學）是由變換群來決定的。」請不要被「變換群」這種艱深用語嚇到了。簡單來說，這段話的意思就是：「數學為可容許的變形方式」。至於「可容許的變形方式」，則可以用下述例子說明。要計算複雜圖形的面積時，可以在不改變面積的情況下，將圖形變形為較容易計算面積的單純圖形（例如，長方形）。

　　數學的任務，就是針對想要分析的事物，判斷出它的「本質是什麼」，而在不改變本質的前提下作變形，將問題轉化為較簡單的形式。因此，找出不同類的感覺，和探索本質的感覺有直接的關聯。我們練習將問題轉化為簡單的形式，就能培養快速解決問題的能力。如此一來，當我們準備考試的時候，讀書會更有效率；將來在職場上也能成為工作能力優異的社會人士。

　　F・克萊恩所說的話，闡明了數學的真義。

　　現在，我們把問題 1-1 的答案列成下頁表格來看吧！

問題 1-1 的答案

大家對答案的想法有很多種，不過不管是哪一個都沒有錯！

	① ○	②	③	④
不同類的圖形				
理由	很小	不是線對稱圖形	有尖角	剪下後不是獨立圖形
需要具備這種直覺的職業	房地產相關行業	設計師	鐵軌路線的設計者	動物園的餵食人員

不同類的檢驗項目很重要

　　我們可以藉由上表的「理由」欄，思考各項問題答案。針對某個問題（例如，「是不是很小」）做回答；然後，把問題裡提到的特性，在符合此特性的圖形的「理由」欄裡作答。（譬如，只有圖形①很小，所以在圖形①下方的理由欄寫上理由）。

　　因此，如果把檢驗項目當成基準即可寫成下列的表格。

檢驗項目 ＼ 圖形	① ○	②	③	④
很小	○	×	×	×
為線對稱圖形	○	×	○	○
有尖角	×	×	○	×
剪下後為獨立圖形	○	○	○	×

雖然這裡只列舉四種檢驗項目，但是，請不要忘記還有其他特點也可以做為檢驗項目。

例如，判定「圖形②是不同類」時，除了上述四種檢驗項目外，可能有人會以「是否能用圓弧畫出」作為判斷標準。

再看下面的表格。如果以「是否為線對稱圖形」和「是否能用圓弧畫出」這兩種項目檢驗，結果會是同一個圖形。以不同的項目檢驗，也可能會得到同樣的結果。一般人通常會考慮「是否為線對稱圖形」，但是，生產圓規的廠商也許會比較重視「是否能用圓弧畫出」。

圖形 檢驗項目	① ○	②	③	④
很小	○	✕	✕	✕
為線對稱圖形	○	✕	○	○
有尖角	✕	✕	○	✕
剪下後為獨立圖形	○	○	○	✕
能用圓弧畫出	○	✕	○	○

如果不是這四個圖形，而是其他圖形的組合，那麼，「是否為線對稱圖形」和「是否能用圓弧畫出」這兩種檢驗項目，應該會檢驗出不同的結果。圖形改變了，檢驗的內容也會跟著改變。

根據不同的檢驗對象，檢驗項目也會改變。因此，考慮現實世界的問題時，最重要的是想清楚「問題是什麼」、「為了解決問題該怎麼檢驗才恰當」。

變好、變壞

現在就讓我們實際運用克萊恩的想法，挑戰下面的問題。

問題 1-2

如果要在如右圖般的土地周圍搭建籬笆，而長度單位為公尺。請問籬笆的總長度會是多少公尺？

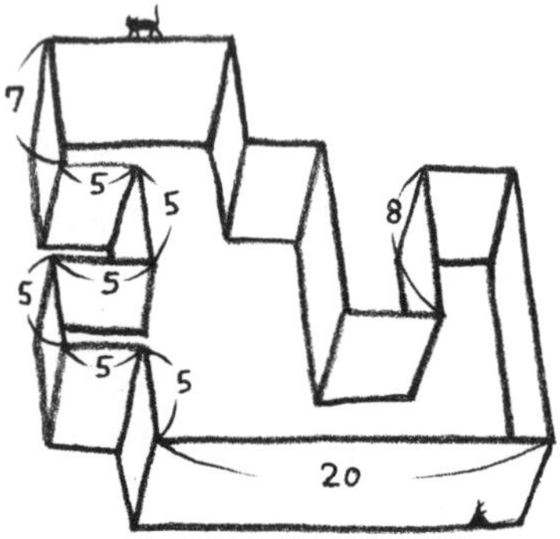

土地周圍的長度都表示清楚了嗎？總覺得土地周圍 8 公尺那一段的左側還需要多一點資訊。如果你覺得一定要那些條件，那麼你可以先設 x、y、z 等，然後再代入計算。加入文字的好處在於，就算我們還沒想到更好的方法，我們也可以進行計算。不過，假如你認為「用 x、y、z 就能解出來了，所以不打算再思考下去」，那就代表文字式雖然方便好用，有時卻會成為阻礙思考的障礙物。

總而言之，請先計算看看，直到最後文字應該都會被消掉。這時候，請你再仔細想一想：

「如果最終會全部消掉，那麼一開始是否就無需使用文字？」

問題 1-2 的解法❶

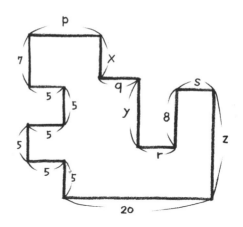

　　從土地正上方俯瞰，土地會呈現如上圖。我們把不知道長度的邊分別設為 p、q、r、s、x、y、z。圖形的縱向長度為

　　$7 + 5 + 5 + 5 = 22$

因此，可以列出式子

　　$x + y - 8 + z = 22$

將數字相加後，左邊只剩下文字式

　　$x + y + z = 30$············①

另外，圖形的橫向長度為

　　$20 + 5 = 25$

因此，可以列出式子

　　$p + q + r + s = 25$············②

　　現在，請注意看土地周圍所有邊的長度。把縱向邊的長度全部相加，即

　　$x + y + z + 7 + 5 + 5 + 5 + 8$

然後利用剛才的算式①，可以求得，

　　$x + y + z + 7 + 5 + 5 + 5 + 8 = 30 + 7 + 5 + 5 + 5 + 8 = 60$

接著，把橫向邊的長度全部相加，即

p + q + r + s + 20 + 5 + 5 + 5

利用剛才的算式②，可以求得，

p + q + r + s + 20 + 5 + 5 + 5 = 25 + 20 + 5 + 5 + 5 = 60

土地周圍的總長度為，縱向邊的長度加上橫向邊的長度，因此，我們可以求得

60 + 60 = 120（公尺）

問題 1-2 的答案　籬笆長度等於120 公尺。

以上是使用文字式解題的方法。那麼，如果改用克萊恩的方法解題又會如何呢？下列是其他解題方式的提示。

問題 1-2 的其他提示

如果依照克萊恩的方法又會如何呢？

假設你在房地產公司打工，必須負責處理搭建圍籬的問題。之前，我們曾經說過從事房地產行業的人必須對面積有敏銳的直覺。但是，這次情況不同，重點反而在於土地周圍的長

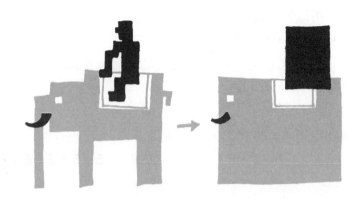

度。所以，我們何妨暫時把心一橫，先別管面積。以長度不變為前提，將圖形變形為更清楚易懂的形狀。

請想想下面這個變形的例子。

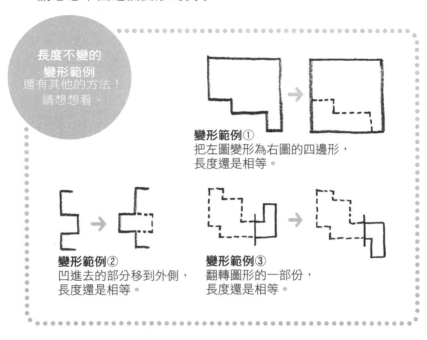

長度不變的變形範例
還有其他的方法！
請想想看。

變形範例①
把左圖變形為右圖的四邊形，
長度還是相等。

變形範例②
凹進去的部分移到外側，
長度還是相等。

變形範例③
翻轉圖形的一部份，
長度還是相等。

善用變形範例①～③，把問題 **1-2** 的圖形變形成更工整易懂的形狀。通常，「容易看出周長的圖形」為正方形、長方形、正三角形、圓形等。

問題 1-2 的解法❷

先利用變形範例②，把左側凹進去 5 公尺的部分移到外側。接下來，利用變形範例①，讓左側的邊更工整（也可以省略此步驟）。再利用變形範例③，將右側往上延伸的 8 公尺移到下方，變成下彎的樣子。最後，再用一次變形範例①，把整個圖形變形為正方形。

最後，原來的圖形變成了邊長30公尺的正方形。因此，土地外圍籬笆的總長度是30×4=120（公尺），所以答案就是120公尺。

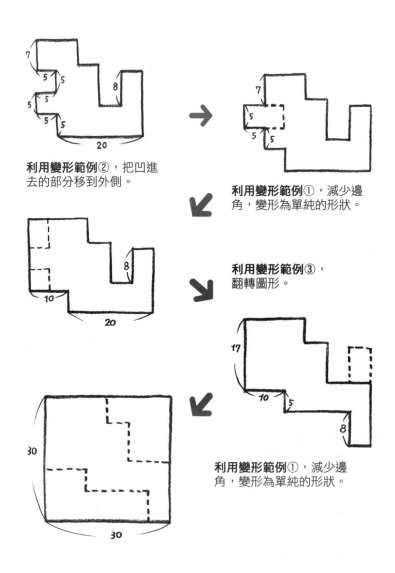

利用**變形範例②**，把凹進去的部分移到外側。

利用**變形範例①**，減少邊角，變形為單純的形狀。

利用**變形範例③**，翻轉圖形。

利用**變形範例①**，減少邊角，變形為單純的形狀。

討厭數學的人容易掉入的陷阱

　　經過這些變形的步驟後，土地的面積幾乎膨脹為原面積的**2**倍。可是，因為問題只是要求土地周圍邊長，所以本來就不需要在意變形造成面積改變。

　　碰到數學就打退堂鼓的人，即使在這種情況下，也會忍不住擔心面積的問題。請考慮清楚，問題的本質到底是什麼？即使是以後想從事房地產業的人（正因為是房地產，一定會需要測量土地邊界或者建築圍牆），看到問題 **1-2** 時，更該把面積忘得一乾二淨。

　　那麼，你能不能把面積忘掉，解出以下問題呢？

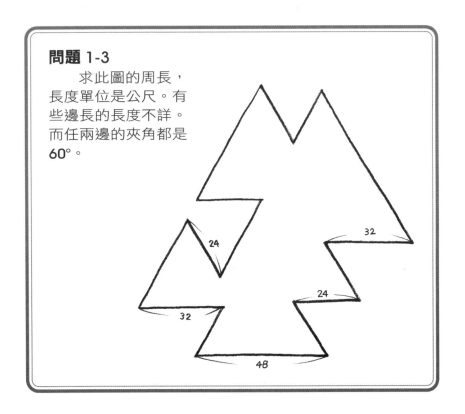

問題 1-3

　　求此圖的周長，長度單位是公尺。有些邊長的長度不詳。而任兩邊的夾角都是60°。

問題 1-3 的解法

　　使用與問題 1-2 同樣的作法，我們將圖形變形成正三角形。圖上的①、②代表問題 1-2 用過的變形範例手法的編號。最後，1-3 的圖形會變成邊長160 公尺的正三角形，所以，它的周長是160×3＝480（公尺）。

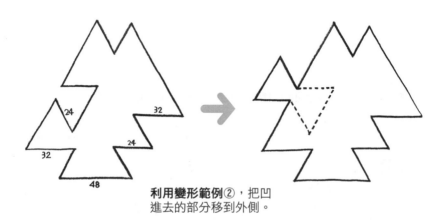

利用變形範例②，把凹進去的部分移到外側。

利用**變形範例**①，減少邊角，變形為單純的形狀。

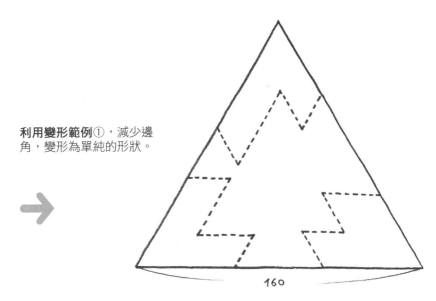

160

問題 1-3 的答案
周長等於 **480** 公尺

岡部

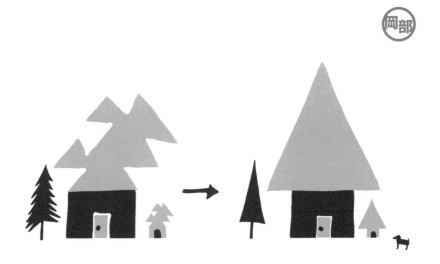

區別技巧

透過找出事物不同類的屬性，
培養從不同角度思考事情的能力！

當我們在做資源回收時，第一個關鍵步驟就是分類。如果在可燃物裡摻雜了噴漆罐，這可能會危及垃圾廠清潔人員的生命安全。由此可見，要解決「現實世界」所發生的問題，「區別」是非常重要的技巧。

問題看起來越複雜，分類的工作越重要。首先，應該先寫出可能與問題相關的要素，把相似的、不相似的、一看就知道不同類的都區隔開來，分門別類後再從頭思考。利用 KJ 法[*1]、NM 法[*2]或魚骨圖[*3]等，可以幫助你釐清各類之間的關聯，以及焦點放在哪裡最有效，並決定解決問題時的優先順序。有時候，我們還可以針對搜集的資料進行電腦模擬，事先預測各種解決方法的成效。

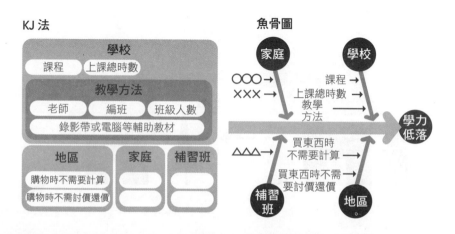

不管我們後來要進行多麼複雜的分析，一開始的方法都一樣，我們必須憑著直覺，在腦子裡「區別」問題所在。

哪一個和哪一個是同類？哪一個和其他不同類？

列舉和問題點有關的項目

例如，近幾年來，媒體在諸多「教育問題」中，最常討論有關「學童學力低落」的問題。

假設教育部長向各位讀者請教，希望你能幫忙找出「學力低落」的原因，請問你會採取什麼方法？

如果以「全體學童的學力低落」來看，問題範圍會過大，很難找到切入點，所以，我們先把範圍縮小至「小學生的數學學力低落」。

這時候，請先想一想「小學生的數學學力低落」和「大學生的數學學力低落」相似程度有多高（《分数のできない大学生（連分數都不會的大學生）》（東洋經濟新報社出版）一書曾經引起熱烈討論）。換句話說，這兩個問題之間是否有很深的關聯？或者完全無關？除此之外，我們還可以想：「小學生的數學學力低落」和「小學生的國文學力低落」是類似的問題，或者完全無關。

接下來，當我們想剖析「小學生的數學學力低落」的問題時，可以從學校、家庭、補習班等，孩子身處的社會體系中，找出可能與問題有關的場所，再依各個場合的問題對症下藥，逐一找出解決的關鍵。

首先，我們列舉了「學校」、「家庭」、「補習班」、「社區」等大範圍，我們可以再從「學校」這個大範圍細分出中範圍，包括「課程」、「（數學的）上課總時數」、「教學方法」

等。更進一步在「教學方法」這個中範圍裡，列出「老師」、「班級人數」、「編班」、「錄影帶或電腦等輔助教材」等小範圍。根據這些小範圍，再分別確認「小學生數學」、「小學生國語」、「中學生數學」、……「大學生數學」等方面有沒有問題。如果是同類的項目，也許只用一種方法就可以同時解決；如果是不同類的項目，就必須思考該優先解決哪個問題。

經過深思熟慮後，我們就能在小範圍中解決問題的關鍵（接下來所說的理由，請都視為假設）。

例如，「減少班級人數」的方法，對於所有項目都有效，所以，可能有人會提議增加老師人數，「如果增加後，學校師資依然不足，就從補習班調度老師」。另外，在數學的課程中，如果「按照學習程度編班，花更多時間指導學習成果較低的學生」，這種方法可能會有效。但是，國文科和社會科的情況也許就不同。如果和「大學生」相比，就會注意到造成「學力低落」的理由，除了學校教科書、上課時間外，可能還有其他因素。

「數學學力低落」和「國文學力低落」是兩個類似問題的理由之一是，孩子們周遭的社會已經充滿便利商店和自動販賣機，這些便利化、自動化的現象可能都是問題的根源。

換句話說，在這個世界上，只要身上有錢，不說話也能買東西的情況已經越來越普遍了。不論是在超級市場、電玩店、影音光碟出租店，顧客都已經不需要自行計算價錢或討價還價。因此，計算能力低落和社會性人際溝通逐漸退化的情況，有著非常密切的關聯。

同類還是不同類，那才是問題

　　岡部先生在第一章強調的**「同類」或「不同類」，其實就是指觀點改變，情況就會發生變化，這也是靈活思考的必要性。**此外，「不同類」好像容易被誤解為「忽視也沒關係」，其實這是錯誤的想法。

　　假設你面前站著三個人：一個上班族模樣的男性、一個媽媽帶著一個小男孩。

　　如果客觀地分類，我們可以說是「男性2人＋女性1人」（女性是不同類）或者「大人2人＋小孩1人」（小孩是不同類）的組合。

　　然而，在麥當勞的行銷人員眼裡，這幅景象應該代表「（被視為不同類的）小孩是領導人，帶著媽媽以及可能和他們有關係的男性，總共3個人一起到麥當勞來，他代表潛在客群。」因此，對於麥當勞來說，小孩成了解決問題（提高營業額）的關鍵，所以，麥當勞會和迪士尼等，以小孩為主要客群的企業合作，在店裡舉辦活動。經過這樣思考後，我們馬上就能明白為什麼有些分店要設置兒童遊樂區，擺放遊戲器材。小朋友往往是好顧客，他們會帶著大人的胃一起來。

　　對於香菸公司來說，成年男性是「同類」，親子不是「同類」。如果是小說家，就會關心那個女性和男性之間的關係，因此說不定會意外發現一樁婚外情。如果不是從旁觀者的立場看這三個人，而改從小孩、女性或男性的觀點來看，「同類」、「不同類」的關係就會產生動態變化。對小男孩來說，也許那位補習班男老師比起媽媽更像他的「同類」。

　　正如上面所舉的例子，透過思考是不是同類的問題，可以從許多不同的角度看待事物。從各種方向觀察事物的技巧，不論

是在解決問題的時候或者開發新產品的時候，同樣都能提供你幫助。

即使是數學問題，答案也未必只有一種。

*¹ **KJ 法**：這種思考方法是針對某個問題，把所有相關的資料全部列出來，然後將資料整理分組後，再找出解決問題的關鍵。整理資料的時候，先把資料分成小組，再化為中組，然後分成大組，逐步區分「同類」與「不同類」。這種方法以發明者川喜田二郎先生的名字縮寫所命名，稱為KJ法。

*² **NM 法**：這種思考方法是針對某個問題，決定關鍵詞後，再列出從關鍵詞聯想到的相關事物。接著，把這些事物的背景全部列出來，從這些背景著手，想出解決問題的關鍵。這種方法以發明者中山正和先生的名字縮寫所命名，稱為 NM法。

*³ **魚骨圖**：這種作圖方式是將導致結果的原因找出後，再整理成圖示，目的是要更明確地找出主要原因。由於圖示的樣子看起來像魚骨頭，所以被稱為「魚骨圖」。

第 **2** 章

Chapter 2

糞便凸出法則

用直覺計算面積的秘訣

第 1 章的例子已經告訴大家，如果能看穿問題本質，就能很快解決問題。在第 2 章，我們要學習如何應用看穿的基本原則，深入觀察現實世界中的諸多現象和脈動。換句話說，相同原則也會有多種應用方法。

問題 2-1

有個朋友告訴我，他想在某土地周圍建立圍牆，做成如右圖般的菜園。他的提案有兩種，分別是形狀相同、方向相反的提案 1 和提案 2。兩種提案都不錯，實在難分高下，所以，他將選擇標準設為：當南側的牆往北形成 2 公尺長的陰影時，陰影面積較小的提案就是他要的。

然而，陰影面積較小的是提案 1 還是提案 2 呢？又陰影面積是多少平方公尺呢？

總之，圍牆的高度是固定的，從邊界線上任何一點都能往北形成 2 公尺長的陰影。此外，**AE** 是半圓。

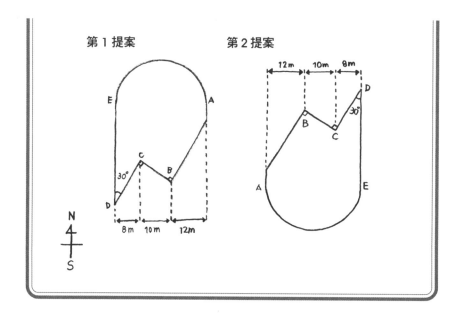

第 1 提案

第 2 提案

問題 2-1 的解法

一般的解題方法如下。

形成陰影的部分，分別如下頁圖所示。先想想看第 1 提案的陰影面積。仔細一看，可以看到陰影等於三個平行四邊形的面積和。

因此，答案是

（12×2）＋（10×2）＋（8×2）＝ 60

陰影面積是 60 平方公尺。

第 1 提案的菜園陰影面積　　　**第 2 提案**的菜園陰影面積

要計算第 2 提案的面積，好像比較麻煩。需要學的很多，我們先取這個部分想想看。

第 2 提案的面積如下圖所示，它可以視為半徑 15 公分的圓移位之後灰色部分的面積。為了讓圖案更容易看清，下圖上的移位比實際情況誇張一點。

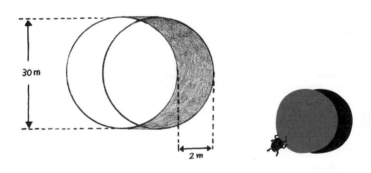

這樣一來，我們應該就可以設計一下解法。請試一試各種方法。

結果如何？解法雖然很多，不過解法❶應該比較簡潔漂亮。

第 2 提案的菜園陰影面積的解法❶

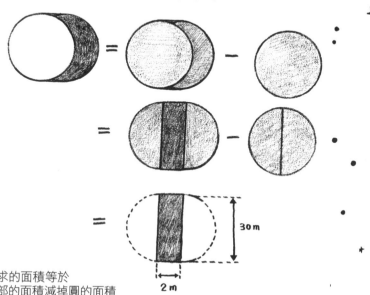

想求的面積等於
全部的面積減掉圓的面積

想求的面積其實就是 30 公尺 × 2 公尺的長方形。因此，不論是第 1 提案或第 2 提案，菜園裡的陰影面積都等於 60 平方公尺，結果相同。所以，根據陰影面積還是無法決定該選哪個提案。

問題 2-1 的答案　第 1 提案和第 2 提案的陰影面積都等於 60 平方公尺。

你喜歡簡潔的解法嗎?──考察第 2 提案的解法

解法❶比較簡潔漂亮，這是因為它「把圓分成兩個半圓，從兩邊拉開，剩下的部分是長方形」，巧妙地運用了對稱性，這種觀點很有趣。

雖說「利用對稱性」是解法「簡潔漂亮」的理由，但請不要因為「不但算出答案，而且過程漂亮！」就覺得滿足，再想想看有沒有其他解法。

解法❶只不過因為「剛好是圓形所以行得通」。如果我們能夠更進一步，找到其他解法，除了圓形之外，只要是類似問題，不管什麼圖形都能適用，那麼，利用價值就更高了。

有沒有什麼好主意？請看下面的例子想一想。

第 2 提案的菜園陰影面積的解法 ❷

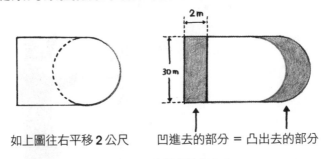

如上圖往右平移 2 公尺　　　凹進去的部分 = 凸出去的部分

解法❷求得的答案並沒有改變，但是，你可以看到應用範圍已經和剛才的解法不同了。同樣的方法還可以應用在本頁的這個問題。如把兩個圖形分別向下平移 2 公尺，這樣一來，凹進去的部分分別等於凸出去的部分。

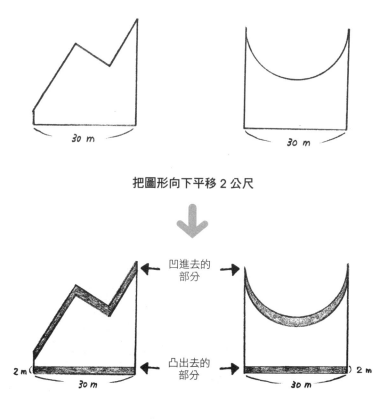

把圖形向下平移 2 公尺

兩邊都是 **2×30 ＝ 60**（平方公尺），面積相等

　　把兩個圖形分別向下移動 2 公尺之後，兩邊凸出來的部分面積會相等。

利用解法❷求第 1 提案的陰影面積時，不必計算三個平行四邊形的面積總和（12×2+10×2+8×2），直接利用長度和（12+10+8 = 30），就能求出答案為 30×2。

　　因為兩邊都是平移 2 公尺，凸出來的部分寬度相等，所以，即使不計算，也能求出第 2 提案的陰影面積。如果題目只問「第 1 提案和第 2 提案哪一個陰影面積較大」，就連 12+10+8 都可以省略。

　　如果形狀更加凹凸不平（真正的土地會受到道路或河川影響，形狀通常不會這麼工整），這種解法的優點就更明顯了。以下頁的圖形為例。如果不用平移的方法來解題，處理起來會非常棘手。

問題 2-2

　　求下圖土地的陰影（沿著左側圍牆的陰影部分）面積大小。

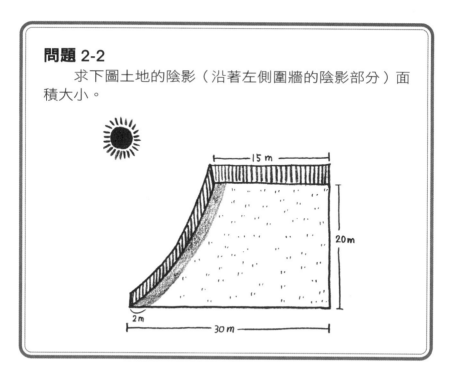

問題 2-2 的解法

　　如圖，只要把圖形往右平移 2 公尺就很簡單了。凸出來的部分面積是 2×20（平方公尺），求法非常簡單。

凹進去的部分　　　　　凸出去的部分

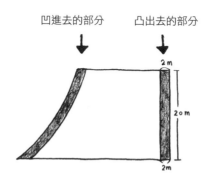

問題 2-2 的答案　　陰影面積等於 40 平方公尺。

發現裸奔始祖

「在平移的情況下，凹進去的部分和凸出去的部分會相等」的想法，其實不僅用在數學問題，而是從以前就一直存在。只不過利用這種方法的領域不同，看法也不一樣，所以用法五花八門。

數學的工作是「看穿本質，讓事物變得簡單」，所以，即使看法不同，還是可以統整本質相同的問題。我們剛才舉的例子是面積問題，但是，「凹進去多少就凸出來多少」的現象，其實在很多種情況都能見到。

問題 2-3

請舉「凹進去多少就凸出來多少」的例子。

我們剛才提到這種想法以前就有了，所以，現在要從很久以前的歷史小故事說起。

西元前 3 世紀，古希臘有位數學家名叫阿基米德。他的名字寫成羅馬文字是 Archimedes。

有一天，敘拉古國王懷疑金匠為他打造的王冠成分不純，便向阿基米德請教。

「我委託金匠以純金鑄造王冠，可是，我覺得他私自減少黃金用量，摻了其他原料。阿基米德，你能不能幫我確定王冠的真假？」

聽到國王的問題之後，阿基米德覺得非常煩惱：

「如果純金摻了雜質，密度（重量÷體積）應該會比較小。只要用秤就能量出王冠的重量，但是，不把王冠熔掉就量不出體積。問題是，如果把王冠融掉秤重，金匠的心血就白費了。」

某天他一踏進浴缸，洗澡水就溢了出來。阿基米德見到這種情況，心想：「放進浴缸的體積有多少，溢出來的洗澡水就有多少。我懂了！」

沒錯！容器裡裝滿了水，再把王冠放進去，只要測量溢出來的水量，就能求出王冠的體積。

這就是充份利用「凹進去多少就凸出來多少」原理的第一個例子。

故事還沒結束。

因為阿基米德實在太興奮了，所以，他一邊歡呼「太棒了！太棒了！」一邊往大街上跑。他忘了自己剛剛才踏進浴缸，結果光著身子就在大街上跑。所以，阿基米德算是裸奔的始祖。

減肥和賽馬有很深的數學關係

事實上，就物理學或其他方面來說，「凹進去多少就凸出來多少」的原理在日常生活中也很常見。舉例來說，根據基爾霍夫（Kirchhoff）定律，不論線路有多麼複雜，「流入多少電流，就會流出多少電流」。此外，減少的位能等於增加的動能也屬於相同原理。

在零和競賽（Zero-Sum game，競賽或交易中所有參賽者的得失總和會等於零），如果有人獲利（凸出來），代表有人吃虧（凹進去）。有些人以為讀了賽馬或柏青哥店遊戲台的必勝秘笈就一定可以賺錢，其實這是錯誤的想法。如果看了秘笈的人都一定會贏不會輸，那世界上就沒有人會輸。把股票當成投機的工具而非投資也是同樣道理。在日本泡沫經濟時期，經常聽到「不管誰買股票都會賺錢」的說法。然而，因為那是零和競賽，所以，泡沫化之後，就開始有許多人損失慘重（扣除交易手續費、獲利時繳交的稅金等等，加總之後變成負的）。除此之外，其實減肥也利用同樣的原理。為了避免發胖，只要把吃進去的份量都排出來就好了，實在很簡單。什麼？要排出來可不簡單？這時候，就有強制排出的方法，叫做「浣腸減肥」。

所以，我決定把「凹進去多少就凸出來多少」原理，稱為「糞便凸出法則」。只可惜數學界目前還沒有人知道這個稱呼。也有人說：「如果是水戶的

黃門（德川家康的直系孫子，江戶時代前期的水戶藩主）學會，大概就會接受這種稱呼。」哈哈，那個學會聽起來味道不佳……。（譯註：在日文發音中，黃門和肛門是一樣的）。

在數學界裡，「凹進去多少就凸出來多少」的原理稱為「卡瓦列利（Cavalieri）原理」。聽到「卡瓦列利原理」這麼死板的名稱，一定無法聯想到浣腸減肥和賽馬的理論。由此可見，取個好名字實在很重要。

卡瓦列利原理 ≠ 糞便凸出法則

正確來說，「卡瓦列利原理」和「糞便凸出法則」並非完全相同。現在，我們先解釋相當實用的「卡瓦列利原理」。

如下圖，即使把本來疊得整整齊齊的紙張稍微打亂，讓紙柱凹凸不平，它的體積也不會改變。反過來說，按照第1章提到的克萊恩概念，想求右邊的立體體積時，只要把它變形為左邊疊得整整齊齊的立體（亦即長方體）即可，接下來要計算體積就會變得很簡單了。

換句話說，「將立體切成薄片，然後移動薄片改變立體的外觀，體積也不會改變」。兩個立體看起來形狀不同，但是因為每層薄片的體積都還是和原來相同，所以，整體而言，兩個立體的體積還是相等。再換句話說，「如果切面的面積都相等，疊起來的高度也相等，則兩個立體的體積就會相等」。

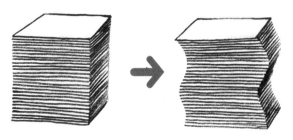

即使薄片移位了，體積也不會改變

平面圖形的面積也一樣，「如果每一條線的長度都相等，排起來的寬度也相等，則兩個圖形的面積就會相等」。

　　在居家修繕 DIY 建材店，也可以見到利用平面圖形卡瓦列利原理的道具——型規。要在形狀比較不工整的地方鋪地毯時，就會利用這種道具。先在有水管的地方或其他凹凸不平的地方把型規擺好，型規就會沿著曲面變形，接著再按照型規的曲線裁剪地毯就行了。

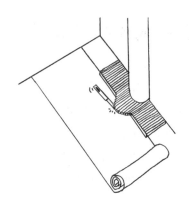

　　還有一點要向大家說明清楚。剛才我們針對卡瓦列利原理所舉的例子，包括了切成許多薄片的長方體和切成許多細線的長方形。然而，除了這兩個圖形之外，即使是其他更複雜的立體圖形和平面圖形，卡瓦列利原理也會成立。比如說，下圖左右兩邊的圖形面積會相等。

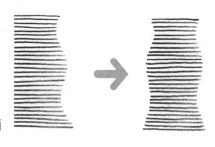

即使移動細線，面積也不會改變。

至於「糞便凸出法則」，則只有長方形或長方體的情況才能成立。因此，卡瓦列利原理比較一般化。不過話說回來，要讓自然現象或社會問題變得更容易了解，還是「糞便凸出法則」比較有用。

利用卡瓦列利原理來說明問題2-1，就會像下圖一樣。思考方式還是一樣，視為把長條移位。把想求面積的部分切成許多細細的長條，再齊頭排平，就能看到第 1 提案和第 2 提案都為面積相等的長方形。

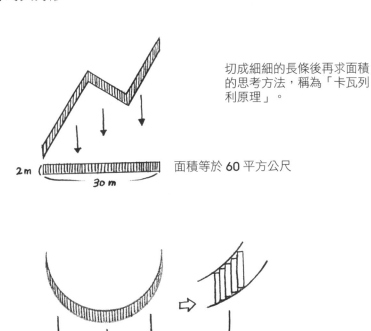

切成細細的長條後再求面積的思考方法，稱為「卡瓦列利原理」。

2 m
30 m
面積等於 60 平方公尺

2 m
30 m

這裡的面積也等於
60 平方公尺

切得更細，
近似於長方形

挑戰基本的難題

本章說明了一種簡單計算面積的方法。依照克萊恩的方法,就可以在不改變面積的情況下,把圖形變形為容易計算的形狀。

接下來的問題,雖然是基本的變形,卻很容易出錯。我曾經在某報紙的小學生專欄中刊登下面的問題,結果有不少讀者(當然是大人)投書表示「答案好像有錯」,令人忍不住想要重算一次。

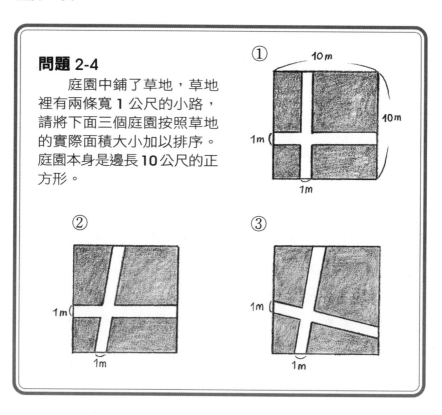

問題 2-4

　　庭園中鋪了草地,草地裡有兩條寬 1 公尺的小路,請將下面三個庭園按照草地的實際面積大小加以排序。庭園本身是邊長 10 公尺的正方形。

問題 2-4 的解法

　　①和②的答案（81平方公尺）很容易就算得出來。可是，從全部的面積（10×10平方公尺）減掉 2 條小路的面積（每條 1×10 平方公尺），最後再加上小路交叉部分的面積（1×1 平方公尺），這種計算方法實在有點麻煩。如果想在不改變面積的前提下將圖形變形，那麼，利用最基本的「靠邊」方法最簡單。

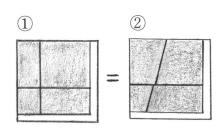

把空白部分往旁邊靠攏，
比較容易求面積。

　　很多人可能會誤以為：這麼說來，③的情況也一樣囉？其實不然。注意看上面的圖，你有沒有注意到，把②的小路靠攏的時候，兩線相交的部分會出現落差？把③的小路靠攏的時候，會因為出現落差而造成矛盾。

　　接下來，讓我們實際比較②和③的情況。比較的時候，我們必須特別注意剛才說過「有點麻煩」的交叉部分面積。請看下頁的圖。由圖上可知，③的交叉部分的面積，比②的交叉部分的面積小。交叉部分比較小，代表小路的總面積比較大。因此，②的草地面積比③的草地面積大。

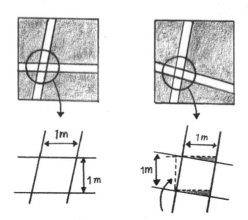

③的空白部分的交叉部分面積比②的交叉部分面積小，所以空白部分的總面積比②的空白部分大！

問題 2-4 的答案　① 的面積 ＝②的面積 ＞③的面積。

靠邊技巧

從卡瓦列利原理得到啟發，探索舒適住宅的本質！

　　日本的人口密度之高，可以從以下這段話感覺得到：「在大約美國國土面積 25 分之 1 的土地上，住了 1 億 2000 萬人，相當於美國總人口的一半。」光東京地區，就有大約 3000 萬人在那裡生活、工作於此。東京可說是人類有史以來，連在古羅馬和紐約這些地方，都未曾出現過的超級過密都市。

　　也許就是因為密度居高不下，日本人長久以來一直維持「有效利用空間」的傳統。自古以來，日本和室就兼具飯廳、客廳、臥室的功能，有時還可以當成書房使用。吃完晚飯後，將小茶几收起來，在挪出來的空間（凹進去）鋪上棉被（凸出來）就能睡了。

　　最近的住宅設計已經漸漸受到歐美影響，所以，未必會一直使用同一個房間。接下來，我想談談最近的住宅。我讀了岡部老師在本章提到的「糞便凸出法則」和「卡瓦列利原理」後，激發出不少靈感，想趁這個機會思考「居住空間的有效利用」。

　　不論是為了開發住宅相關產品，或是為了增長智慧讓自己住得更舒適，這種感覺都是解決問題的重要技巧。

廚房空間和洗碗機的關係

　　最近洗碗機越來越暢銷了。

　　洗碗機可以放在廚房的狹小空間裡，是非常有用的家電用品。說不定再過不久，它就會像微波爐一樣，成為廚房的必備用品。

　　在歐洲居住了兩年半後，我已經習慣了方便好用的洗碗機。

每次一想到目前在日本洗碗機尚未達到每戶一台的普及程度，就覺得很不可思議。因此，大約兩年前重新改建房子的時候，我就打定主意要安裝含有洗碗機的廚房系統設備。

不過，洗碗機在日本之所以不像在歐美那麼普遍，其實有特殊的理由。

第一，日本家庭烹煮的料理比歐美家庭的料理來得有變化，種類豐富，有日本料理、中國料理、西洋料理等等，菜餚變化多端，使用的碗盤當然種類繁多。以壽司料理來說，就有盛裝壽司的大盤子、每個人各有一個放壽司的小盤子、放醬油的小碟子、裝開胃小菜或醃菜的小缽，有時候還有裝日本酒的小酒壺。然而，歐美家庭並不會使用這麼多種器皿，所以，只要有台大型的洗碗機，可以容納大約3種尺寸的淺盤和2種大小的玻璃杯，全家吃完飯後，一下子就能洗得乾乾淨淨。相對於西方國家的情況，日本的洗碗機廠商應該要花費不少心思，摸索獨特的方法；他們必須思考洗碗機要如何收納比較深的容器或不完全對稱的窯燒器皿，還得思考該怎麼沖水才能確實洗淨碗盤上的污垢。

此外，有些國家的早餐和午餐是以不需烹煮的食物為主。麵包夾一些火腿或起士片，或者牛奶加一點玉米片，就可以當成一餐。只要盤子裡不沾到油或湯汁，清洗時自然很簡單。但是，日本人愛吃的食物多為沾醬、油膩的料理，例如，炒飯、咖哩、烤雞、烤肉等等，所以，碗盤餐具往往沾滿油垢。

至於空間問題，更是不說也明白。

我家廚房水槽的左邊安裝了頂開式洗碗機，可以從上側開蓋子，再把稍微沖洗過的器皿一一放進去。運用這種洗碗機有什麼好處？洗碗機還在洗上一餐的碗盤時，上側的蓋子是關著

的，所以，我還可以把砧板放在上面，準備下一餐要烹煮的材料。在廚房水槽旁邊，相較於前開式洗碗機（打開前方的蓋子，從前面把餐具碗盤放進去），還是以頂開式洗碗機上下方向的拿取比較輕鬆，而且比較合理。

我覺得在廚房也能徹底利用「**凹進去的部分、凸出來的部分**」的智慧。

合作住宅（Cooperative House）的智慧

日式住宅建築裡使用「拉門」、「布簾」、「紙門」，也是令人佩服的智慧。本來是各別分隔開的空間，必要時可以合併成比較寬的空間使用，當客人來訪時就隔成客房使用，可說是充滿彈性利用空間的智慧。

這種智慧的重點在於，將空間中凹進去的部分與凸出去的部分共享。只要利用合作的技巧，就能把這種智慧延伸、應用到集體住宅的領域。

舉例來說，如果在市中心有一處 300 坪的土地，本來只有地主夫婦住在老舊的平房裡。以前，他們把照料庭園花草當成興趣，最近幾年因為年紀大了，已經無力再照料庭園、整理家裡，所以，他們就開始考慮，要把土地賣給興建大樓的建商，夫婦倆再搬到適合老年人居住、生活便利的地方。可是另一方面，又由於這裡畢竟是自己成長的地方，而且土地是祖先留下來的，實在不忍心就這樣賣掉。

其實在這種情況下，還有其他的解決方法。他們可以將土地委託給合作住宅的規劃人員，請規劃人員募集 10－15 戶家庭當住戶，大家一起合資興建小型的住宅大樓，老夫婦也住進其中一間。由所有住戶組成委員會，加上規劃人員，從頭開始計劃興建住宅大

樓。這種做法稱為「合作住宅」。

　　事實上，在東京都下北澤地區，就有以這種方式建造的住宅。當時除了地主夫婦之外，本來預計募集 11 戶住戶，結果一下子就有500個人提出申請，成了熱門房地產物件。而且，因為地主夫婦原本居住的老房子古意盎然，所以在拆除前夕，原本家中的燈飾、欄間木雕（譯注：垂直於天花板、附著於天花板上的裝飾）、地上的石板等等，都轉讓給新住戶，讓大家各自帶回去繼續使用。像這樣的事情，只有在合作住宅才可能發生的。

　　因為合作住宅還可能設計成樓中樓型的住宅，活用垂直空間。既可以兼顧住宅大樓的便利性，又有獨棟住宅的居住感，所以它才會這麼受歡迎。另外，我們還可以透過精心設計，讓購買合作住宅的兩戶同居家庭有機會交談，共享彼此的空間。本來常見的模式是 A 戶與 B 戶分別挑一層，一戶在 1 樓、一戶在 2 樓，分別購買上層和下層。不過，也可以在上下層的中央部分，規劃交錯的樓梯，B 戶的南側 2 樓會深入 A 戶的南側 1 樓上部，A 戶的的北側 2 樓會深入 B 戶的北側 1 樓上部，建築成內部互相結合的樓中樓。

　　這種智慧完美地融合了「凹進去的部分和凸出去的部分」。

Chapter 3

第 **3** 章

山手線之謎

為什麼電車路線圖可以一目瞭然？

本章要討論的問題是來自我個人的親身體驗。

我父親住在北海道的札幌，他很喜歡四處旅行，不過個性比較頑固，總是堅持一項原則：「同一個地方不經過2次」。這項原則當然有合理的部分，因為他可以享受到多種不同的風光；可是，對旁人來說確實造成不少困擾。

舉例來說，上次他到東京來時，我帶他到新宿玩。可是不管到哪裡景色都差不多，所以我打算來回都選最近的路線。沒想到他記憶力出奇的好，竟然還跟我說：「那邊的樓梯之前就走過了，這次改走這邊。」不只如此，他還突然提議：「我要買張一日票在東京觀光。」雖然實際上還有更多路線和車站，但為了省事，我把一些路線和車站都省略掉，畫了簡易版的路線圖給他看：「這就是可以選的路線。」

問題 3-1 就是我畫的路線圖。爸爸四處觀光的條件是：「不想重複看相同的景色，所以每一段路線都只能經過一次」。

請在「可以任意選擇起點和終點」的條件下，試著挑戰這個問題。

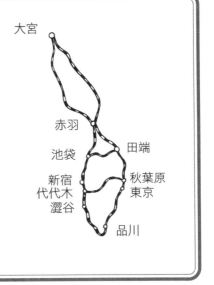

問題 3-1

　如果可以任意選擇起點和終點，能不能繞完一圈而且恰好每一段都通過一次？

　請試著在每一條路線只經過一次的情況下完成一圈的觀光。可自由選擇起點與終點。

大宮

赤羽

池袋

田端

新宿
代代木
澀谷

秋葉原
東京

品川

　一下子要回答這種問題，可能有點困難，所以先來想一些問題熱身一下。

問題 3-2

　　請用一筆劃畫出下面的圖案。所謂「一筆劃」，意指把鉛筆放到紙上後，就不能離開紙面直到畫完。鉛筆必須描過圖形上每一條線，而且同一條線不能描兩次。

　　如果是可一筆畫完的圖案，請在起點和終點標示（始）和（終）的記號。如果可以從（始）開始，到（終）結束，代表把記號顛倒過來，同樣也可以成立。除了這兩種路線以外，還有沒有其他的標示方法？

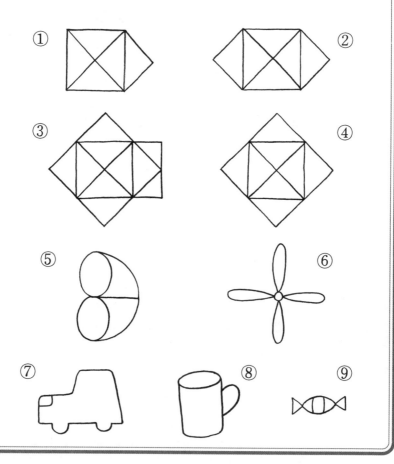

問題 3-2 的答案

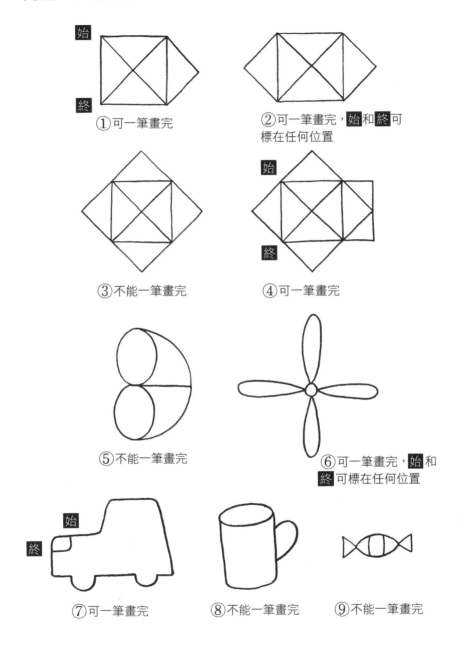

①可一筆畫完

②可一筆畫完，始和終可標在任何位置

③不能一筆畫完

④可一筆畫完

⑤不能一筆畫完

⑥可一筆畫完，始和終可標在任何位置

⑦可一筆畫完

⑧不能一筆畫完

⑨不能一筆畫完

現實世界裡充滿了抽象化

　　好像有很多人剛開始都是實際拿筆描圖，以「能畫出來」或者「好像畫不出來」加以判斷與解題。可是，這種做法會耗費許多時間。假設你任職於「一筆劃公司（是不是覺得不可能有這種無聊的公司？）」，也許會有很多客人問你：「這個圖案能不能一筆劃畫完？該從哪裡開始、到哪裡結束？」如果要實際動筆解題會非常辛苦，不想辦法掌握箇中奧妙是不行的！

　　想找出解題的法則，請試著回想問題 3-1。或許你會發現其實問題 3-1 的路線圖可以畫得更簡單。

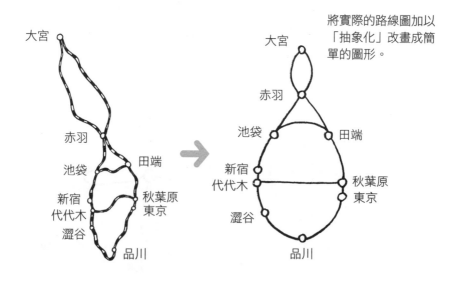

將實際的路線圖加以「抽象化」改畫成簡單的圖形。

　　在車站裡看到的電車路線圖，應該像右邊的圖一樣。一開始已經說過，其實應該還會經過其他車站，如神田、御茶水等等，而且還有從各車站，如品川、新宿、東京等地出發的其他路線。不過，為了讓問題簡化，暫時先把這些站和路線刪除。

車站裡真正的路線圖當然比較正確，可是，有時候即使目的地非常明確，看正確的路線圖反倒覺得複雜難懂。因此，若只取自己需要的資訊，製成變形的地圖，雖然省略了途中的車站，反而變得更清楚易懂。像這樣只保留必要的資訊、省略其他資訊的過程稱為「抽象化」。根據使用目的稍加修改，即使看起來的樣子稍微改變也無妨。以電車路線圖來說，「從某個車站到另一個車站該怎麼去」才是最重要的。因此，車站與車站之間如何連接、該在哪裡換車，都必須能從路線圖上一目瞭然。在這種情況下，車站的關係位置未必要和地圖上的正確關係位置相同。如果堅持要畫成正確的關係位置，就會像下面的左圖一樣，使得神田、御茶水附近的圖形變得很難辨認。因此，我們把路線圖變形為右圖。

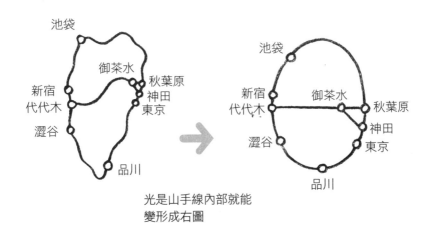

光是山手線內部就能
變形成右圖

既然已經談到抽象化，請你想想看下面的問題。

問題 3-3
　　請舉出你身邊抽象化的例子。可以觀察招牌、建築物內的標示等，應該會有許多發現。

問題 3-3 **的答案**　　逃生口照明燈的標誌、地圖上的記號等。

　　據說知名體育用品廠商「NIKE」的商標，就是把某個物品加以抽象化之後設計出來的。而那個物品就是法國羅浮宮美術館內稱為「勝利女神（La Victoire de Samothrace）」的雕像；據說 NIKE 是把女神雕像的翅膀部分抽象化，設計成公司的標誌。

請注意交點！

　　了解抽象化的精髓之後，再挑戰下一個問題。在此先說明經常出現的用詞。線與線相交的點，也就是匯集了 3 條線以上的點，稱為「交點」。思考問題的時候，請注意這種交叉點。

　　另外，有奇數條線的交點稱為「奇數點」，有偶數條線的交點稱為「偶數點」。

問題 3-4
　　問題 3-2 的圖上標示 始 和 終 的位置有什麼性質？可一筆畫完的圖和不能一筆畫完的圖又有什麼不同？

問題 3-4 的提示　寫出各個交點分別有幾條線通過。

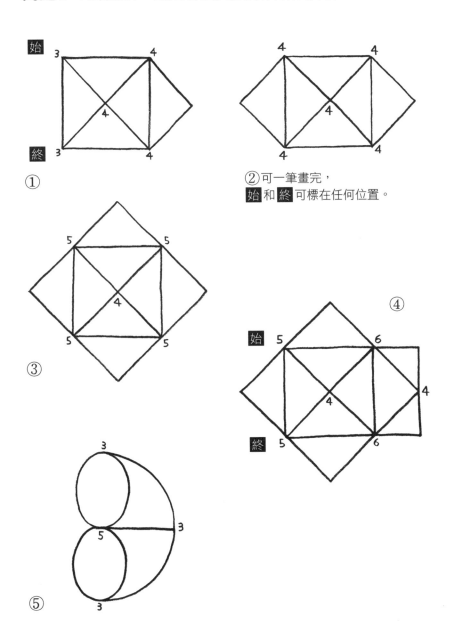

①

② 可一筆畫完，
始 和 終 可標在任何位置。

③

④

⑤

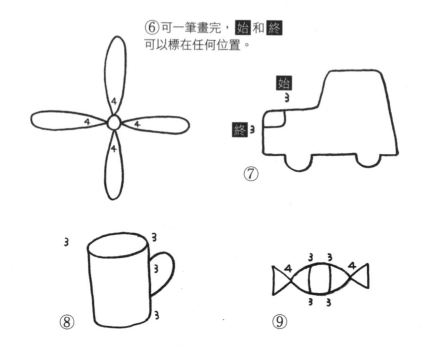

⑥可一筆畫完，始 和 終
可以標在任何位置。

始
3

終 3

⑦

3

3

3

3

⑧

4 3 3 4

3 3

⑨

問題 3-4 的解法

　　從提示的圖可以看出，有 **4** 個奇數點的時候，就不能一筆畫
完。反過來說，可一筆畫完的情況，則是有 **0** 個或 **2** 個奇數點的
時候。有 **2** 個奇數點的時候，其中一個奇數點是起點，另一個奇
數點是終點。有 **0** 個奇數點的時候，無論從哪一點開始畫都可以。

　　我們可以這麼說明。

　　在起點和終點以外的交點，如果畫線進去，就一定要畫線
出來。換句話說，必須有「進入線」和「離開線」。這兩條線
會配成一組，所以，在起點和終點以外的交點，一定要有偶數
條線通過。至於起點和終點，就會是奇數點。反過來說，因為
奇數點一定要是起點或終點，所以，如果有超過 **2** 個奇數點，就
代表那個圖形不能一筆畫完。

問題 3-4 的答案 標示 始 和 終 的都是奇數點。有 0 或 2 個奇數點的圖可以一筆畫完，奇數點超過 2 個的圖不能一筆畫完。

尤拉與七橋問題

最早確立一筆畫完性質的人，是 18 世紀的數學家尤拉。尤拉的名字寫成羅馬拼音是 Euler，寫成日文的片假名是「オイラ」，寫成平假名是「おいら」。「おいら定理」以日文諧音則可表示為「自己證明的定理」，這聽起來感覺很好，所以，我總是寫成平假名。

剛才的冷笑話先放一邊，回到正題。尤拉造訪普魯士柯尼斯堡（Konigsberg）的時候（今俄羅斯加里寧格勒（Kaliningrad）），發現有個問題在市民之間引起廣泛的討論：「城裡共有七座橋，如果每座橋只經過一次，那麼能不能一次走完所有的橋？看起來好像不能，那又是為什麼？」

尤拉三兩下就解決了這個懸案。他提出的答案是：「如果連接奇數座橋的陸地不超過 2 個，才可能每座橋恰好只經過一次。現在這種陸地共有 4 處，所以不可能！」

把七橋問題視為一筆劃問題的話，相當於這樣的問題：每一座橋分別對應一條步道，橋兩端的陸地分別設一個休息區，過了橋一定要到休息區。畫出經過的路徑後可以得到下頁的圖。「每一條步道都恰好走過一次」，相當於「經過的路徑能不能用一筆劃畫完？」的問題。

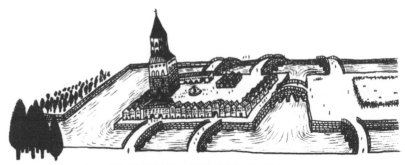

在每處陸地分別設一個休息區，把經
過的路徑畫出來。

經過的路徑和問題 **3-4** 的⑤相同，所
以無法只是一次就恰好走完！

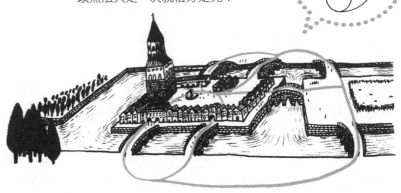

　　這個一筆劃問題已經在問題 **3-2** 的⑤出現過了。我們也已經
知道「⑤不能一筆畫完」。

　　尤拉看穿了「柯尼斯堡七橋問題」的本質在於「一筆劃問
題」，他把橋改為路，開創「一筆劃」理論，順利解決了問
題。我們希望你也能透過這個問題，了解看穿本質、將問題抽
象化的無窮妙用。

問題 3-1 的解答

再回到問題 3-1。奇數點有池袋、田端、秋葉原、代代木，總共 4 個，所以，路線圖不能用一筆劃畫完。看來，我父親是很難如願了。

此外，剛才提過的「一筆劃公司」，其實，旅行社的行程規劃人員應該都具有「一筆劃」的概念與直覺。另外，自己在訂定旅行計劃的時候，也可以善用一筆劃理論，如此將能更有效率地玩遍各觀光景點。

接著，來看看最後一題。

問題 3-5 的提示

問題 3-5

問題 3-2 的圖形只有 0、2 或 4 個奇數點。那麼，有沒有可能畫出含有 3 個奇數點的圖形？注意！每條線不可以中途斷掉。

在問題 3-2，我們已經算過每個交點有幾條線。那麼把所有數目相加得到的總和又代表什麼？

例如，第 63 頁圖形①的「3+3+4+4+4=18」代表什麼意思？

請回答「是什麼的幾倍」。

問題 3-5 的準備

　　第 63 頁的圖形交點上寫的數字，代表那一個點有幾條線。我們先把這些數字相加的結果稱為「各交點的線數總和」。圖形①的各交點的線數總和，就是前頁計算的結果 18。其他圖形也可以按照同樣方法計算，

　　　　圖形②是 4+4+4+4+4 = 20

　　　　圖形③是 4+5+5+5+5 = 24

　　接下來，再想想「線數」。從一個交點到另一個交點的線算成 1 條，請數一數圖上的「線數」。

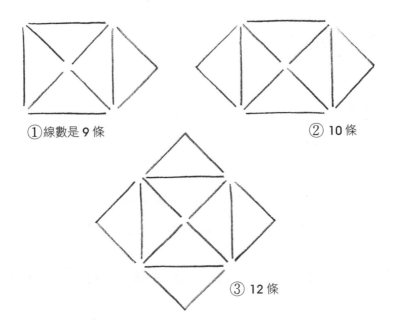

①線數是 9 條　　　　　　　　　　② 10 條

③ 12 條

　　線數和各交點的線數總和有什麼關係？

　　圖形①各交點的線數總和是 18，恰好是線數（9 條）的 2 倍。

　　圖形②各交點的線數總和是 20，也是線數（10 條）的 2 倍。　圖

形③各交點的線數總和 **24**，還是等於線數（**12條**）的**2**倍。

這是巧合嗎？

這不只是巧合。同一條線會在兩個端點各算一次，所以各交點的線數總和會等於線數的 **2** 倍。

問題 3-5 準備的結論

各交點的線數總和＝線數×**2**

準備好了，開始思考問題 **3-5** 吧！

問題 3-5 的答案

本題問的是有沒有可能畫出含有 **3** 個奇數點的圖形，所以，先假設圖上的奇數點有 **3** 個。

這種圖形的「各交點的線數總和」，只要把 **3** 個奇數點和其餘的偶數點的線數相加就能算出來。

因此，總和等於：

奇數＋奇數＋奇數＋偶數＋……（把各個偶數點的線數相加）

奇數個奇數相加，等於奇數，所以，算式的「奇數＋奇數＋奇數」會等於奇數。因為「奇數＋偶數＝奇數」，所以，後面不管再加上幾個偶數，整個總和也不會是偶數。

因此，有**3**個奇數的情況下，「各交點的線數總和」會是奇數。但是剛才已經說過，各交點的線數總和等於線數×**2**，所以，它必定是偶數。這和上一段的結果互相矛盾。

之所以會出現矛盾，是因為我們在一開始假設「圖形有 3 個奇數點」。由此可見，有 3 個奇數點的圖形並不存在。

　　奇數點有 5 個或 7 個的情況下，同樣的證明也會成立。換句話說，有奇數個奇數點的圖形並不存在。

捨棄技巧

把社會現象「抽象化」，
就不會被多餘的資訊搞得團團轉！

要思考複雜的問題時，經常會捨棄細節部分，畫出抽象化的圖形，盡可能看清事物單純的本質。

有一種「趣味素描」是誇張地強調臉部的主要特徵（例如，大鼻子或八字眼），有時候能表現出比本人更像本人的面貌。為了讓看畫的人忽視其他部位，素描畫家會刻意低調處理其他部位。

這種技巧稱為「變形（Deformation）」。

說得更廣一點，「臉部照片」變形之後就是「素描」，從上空拍攝的「空照圖」變形之後就是「地圖」，「實際的電車軌道圖」變形之後，就是「電車路線圖」。

資訊太多反倒理不清頭緒！

假設現在有東京都銀座 4 丁目附近的空照圖，變形後就是俗稱的「住宅地圖」，在地方政府機關的登記所都能借閱。住宅地圖精準正確，所以價格昂貴，不過，對房地產公司來說，這還是必備用品。另一方面，對一般人來說，那麼詳細的地圖反倒難用。一般居民想用的，是更抽象、更能夠一目瞭然的地圖，亦即捨棄住宅地圖上許多資訊，只留下生活必需的部分，並畫成地圖記號（以記號或圖形表示目標物，例如，學校寫成 學、銀行寫成 $ ）。至於以旅客為主要訴求的地圖，則是鎖定觀光時最低限度的必需資訊，讓遊客能玩得盡興。

比較空照圖和這種地圖，就能理解為了讓資訊清楚易懂，一定要捨棄多餘的部分。

為了看穿本質而必須將問題「抽象化的技巧」，其實就是「捨棄技巧」。

岡部老師以國中生最耳熟能詳的運動用品公司「NIKE」的商標為例，作為本章的抽象化實例。

設計界盛傳，那個翅膀標誌是仿照美術教科書裡經常出現的「勝利女神」（西元前 190 年左右：羅浮宮美術館典藏）的翅膀。據說女神雕像本來是擺在戰艦船頭，不過，後來因為頭斷掉了，所以，我們也無法得知祂本來的美貌如何。

漢字「命」和它的人體文字也算抽象化？

西元 2001 年時，我和 Terry 伊藤、飯島愛等人，都是朝日電視台「快速！通勤假面」節目錄影的固定班底。因為當時和雙人組 TIM 的成員 Gorugo 松本也一起合作，所以，我有幾次機會近距離觀賞他的拿手絕活、表演人體文字「命」。

當時，品川女子學院的「現實世界的數學」課程（國中 2 年級選修數學）已經實施了半年，我趁機在課堂上向學生發問。當時我模仿了電視上廣受歡迎的人體文字「命」，並問他們：「這算不算一種抽象化？」

各位讀者有什麼看法？

日文有許多會意文字，而漢字中則有許多將實際形狀抽象化之後寫成的「象形文字」，例如，「川」、「山」、「月」、「火」。然而，「命」本身沒有形狀，所以，漢字的「命」應該不是把具體的東西（例如，心臟）抽象化之後得到的結果。（據說實際上象徵以「口」傳「令」，被解釋為「人的命運其實早已註

定」之意）（譯注：漢字「命」早在甲骨文中已出現，它的確是一個會意字，本義作「使」解，乃使人依發令者之表示而行之意。）

因此，松本擅長的人體文字「命」，可以算是用人的身體將「脈動的生命力」抽象化的藝術表現。反過來說，他以人體直接表現漢字「命」，其實也算是將已經抽象化的漢字再以人體「具體化」。

公司的社訓是抽象化的終極表現

我曾經任職於 Recruit 公司 25 年，公司人才輩出，員工個個活力充沛，工作熱誠高，在各行各業都能表現優異。

西元 1996 年，我辭掉工作，改以每年簽約的方式繼續和公司合作。當時，經常有人問我：「為什麼 Recruit 公司能培養這麼多優秀人才？」因此，2000 年春季，在我正式離開公司之後，便決定要將公司為員工注入活力的秘密紀錄下來，而結果就是2002 年秋季出版的《Recruit 奇蹟》（文藝春秋）。

我在那本書裡佔用了 250 頁以上的篇幅，並以諸多章節詮釋

「Recruit 活力泉源的本質」。然而，現在重新回想起來，其實那個本質只要以社訓就能表達得淋漓盡致。

「自己創造機會，善用機會改變自己。」

將公司的精神抽象化之後以一句話表達，就是「社訓」。

這是個絕佳的例子，說明「抽象化」這種數學思考，可以把公司的中心思想表達得更明確，結果也促使員工更有活力。

如果被多餘的各種資訊搞得團團轉，就看不見最重要的本質了。

第 Chapter 4 章

火柴棒遊戲

解讀郵遞區號的數字秘密

　　本章要請大家一邊玩火柴棒遊戲，一邊思考問題。先看看下面的問題。

問題 4-1

　　請用火柴棒排出數字 **0** 到 **9**。火柴棒不能超過 **6** 根，答案未必只有一種。請根據下面的規則，想一想有趣的排法。

　　①不能折斷火柴棒。
　　②火柴棒必須相連。
　　③火柴棒必須相接在端點，不可以交叉。

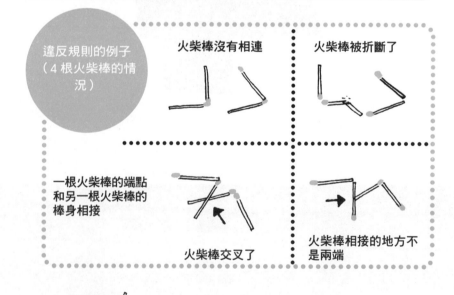

違反規則的例子
（4 根火柴棒的情況）

火柴棒沒有相連

火柴棒被折斷了

一根火柴棒的端點和另一根火柴棒的棒身相接

火柴棒交叉了

火柴棒相接的地方不是兩端

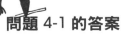

問題 4-1 的答案

下面列出能以不超過6根火柴棒排出數字的方法，不過這只是其中一些例子。

以不超過 6 根火柴棒排成數字的範例

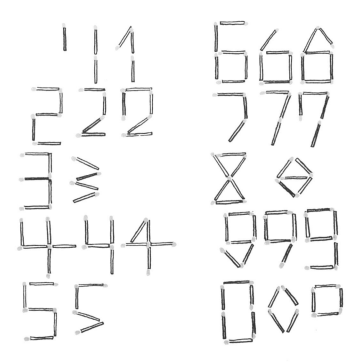

仔細看看這些火柴棒排成的數字，想一想下面的問題。

> **問題 4-2**
>
> 8 和其他數字有所區別的原因是什麼？也就是說，8 有什麼特徵和其他數字明顯不同？

也許有人已經注意到了，不過我們把解答放到最後再說。先把這個問題擺在心裡，想一想下面的問題。

> **問題 4-3**
>
> 按照問題 4-1 的規則（①不能折斷火柴棒；②火柴棒必須相連；③火柴棒必須相接在端點，不可以交叉），若以 5 根火柴棒排出圖形。可以排出幾種圖形？

這麼急做什麼？

咦，已經有人開始解題啦？慢著！這麼急做什麼？先確定情況再說。種類這麼多，得先決定分類方法，不然實在太麻煩了。

先看右頁的圖。把圖上的∠α漸漸調小，就會出現無限多個圖形。四邊形的情況也一樣，從正方形到平行四邊形，要幾個有幾個。因此，我們應該把這些圖形視為 1 種。

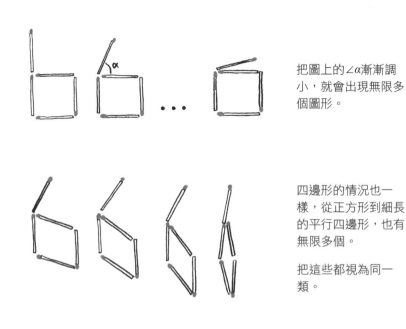

把圖上的∠α漸漸調
小，就會出現無限多
個圖形。

四邊形的情況也一
樣，從正方形到細長
的平行四邊形，也有
無限多個。

把這些都視為同一
類。

不過，這種圖形和上
面的圖形應該算不同
種類。

　　為了滿足上圖的要求，必須採用非常粗略的分類方法。有一種
很簡單的分類法恰好可以派上用場：那就是將圖形想像當成以橡皮
筋繞出來的圖形。

問題 4-3 的補充

　　假設用 5 根火柴棒排成的圖形都可以用橡皮筋圍得出來，請
試著將所得圖形加以分類。例如，只有角度不同的圖形，就全
部視為同一種圖形。

　　此外，四邊形和五邊形經過伸縮都會變成圓形，並可以互相
重疊。拉大或縮小後會互相重疊的圖形，也視為同一種圖形。

這種分類法就像第 3 章的一筆劃問題一樣，主要是考慮線與線的連接方式。如果是在第 1 章的「尋找不同類」問題，就是動物園餵食人員必備的能力與直覺。

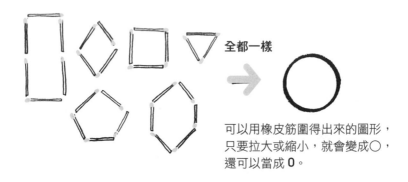

全都一樣

可以用橡皮筋圍得出來的圖形，只要拉大或縮小，就會變成○，還可以當成 0。

　　接下來，又要改變順序，請回到前面的問題。看了這種分類法後，有沒有人想到問題 4-2 所說「8 和其他數字圖形有所區別的原因」？

　　現在，就從剛才要大家「擺在心裡」的問題 4-2 開始解題吧！

問題 4-2 的解法

　　看看剛才說的分類方法的例子，代表 0 的圖形都是多邊形，順著走恰好能繞一圈，而且線條沒有分支。

　　而代表 8 的圖形有分支，而且有 2 個圈圈。不過，有分支的圖形不只有 8，所以 8 和其他圖形不同的地方是它有 2 個圈圈。

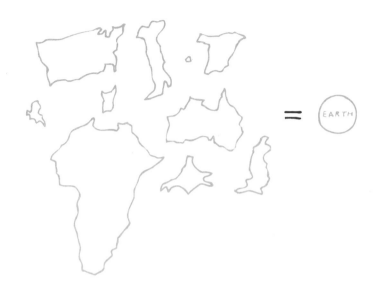

分類之後就會一清二楚

　　接下來，要把 5 根火柴棒能排成的圖形作分類了！

　　下面是就讀某國中的學生所做出的圖形。總共有 12 種。請想想看有沒有漏做的？或者有沒有同樣的圖形重複出現？

5根火柴棒可以排成的圖形只有這些嗎？

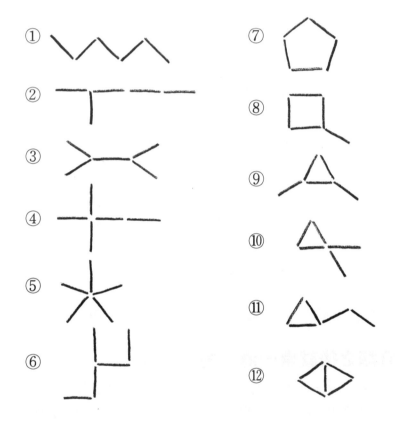

　　分類或計算共有幾種的時候，一定要注意有沒有漏算了的或重複計算的。其實，上面的例子就有重複的情況。那要怎麼做才能避免重複呢？

84

只要把這些圖形作分類，請參考第 3 章的一筆劃問題。請回想一下，我們在第 3 章是怎麼解決問題的。當時的重要關鍵是，「線與線相接的點有奇數條線還是偶數條線」。

在圖②和圖⑤，線的交點只有 1 個，而且那個交點共有奇數條線。即使拉大或縮小，也不會變形成同樣形狀，所以，顯然是兩種不同的圖形。照這樣看來，不僅要按照奇數、偶數區分，還要考慮交點的線數（請參見第63頁）。

從某點出現 4 條線的交點稱為十字路，又稱為四叉路。出現 3 條線的點稱為三叉路，出現 5 條線的點稱為五叉路等等，以此類推。

另外，圖⑫曾經出現在問題 4-1 中，也就是代表 8 的圖形。這個圖形與眾不同的特徵是有 2 個圈圈。圖①和圖⑦都沒有交點，但是，很明顯它們屬於不同種類。不同之處在於圈圈的個數。

把「交點種類與交點個數」以及「圈圈數」當成基準來看，好像就可以把圖形分類。有兩種分類基準的時候，該怎麼表示才能更容易看懂？

我來自北海道札幌市，札幌市內（中央區）每個特定地點的地址，都可以根據位於市中心的電視塔，利用南北向、東西向這兩種方向表示。舉個例子，我可以說「老家位於北 1 条東 7 丁目」。這就是大家在幾何單元學過的座標。

把兩種分類基準分別當成縱軸和橫軸，就能以座標的方式，把分類變得很明確。其實，這也是一種類推。

然後，請注意下面的特點。三叉路可能會有 2 個，但是到了四叉路以上的情況，就不可能以 5 根火柴棒排出 2 個以上的四叉路。

另外，圈圈頂多有 2 個（圖⑫），不可能出現 3 個的情況。

整理上面的所有內容，可以列出這樣的分類表。

5 根火柴棒可以排成的圖形的分類表

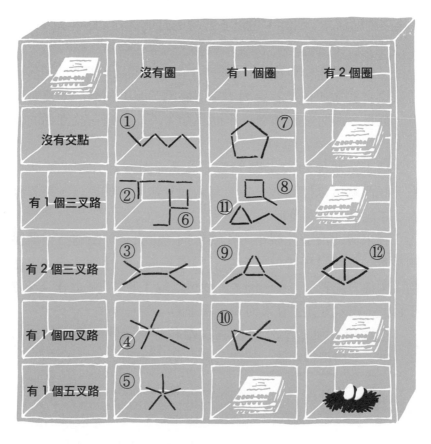

＊注　表中的數字代表第 84 頁的圖形編號。

製成表格之後，我們馬上就能看出②和⑥、⑧和⑪分別是同類的圖形。而且整理成表格之後，就能確定沒有漏算的情況。

火柴棒分類和郵遞區號間令人在意的關係

可能有不少人會誤以為，分類後再「分情況」的方法，只不過像按照說明書操作一樣，沒什麼大不了的。

不過別忘了，如果不這樣分類，只要角度相差 1°，就會被視為不同的圖形，圖形種類變多，到最後一定會越想越糊塗。如果沒有確實掌握問題的本質，採取適當的分類方法，分類時，一定會越分越混亂。由此可見，分類的時候同樣要逼近問題本質。

要讓機器讀取郵遞區號之類的數字時，這種分類法就能發揮很大的效用。每個人寫字各有各的筆法，要讀取手寫的文字可不是件容易的事。但是大部分的人應該都能按照「有 2 個圈圈的是 8」的讀法，讀取手寫數字。至少可以利用這個原則，區別 8 和其他數字。另外，利用「有一個圈圈，沒有交點」的基準就很容易判斷為 0。其他有圈圈的數字是 6 和 9，有時候 4 也會有圈圈。字跡比較潦草的話，2 也可能會有圈圈。然後，再增加其他條件，例如，有三叉路的是⋯、有四叉路的是⋯，逐步分析，就能處理許多資訊。所以，「分類」的數學思維對於判斷郵遞區號有莫大的助益。

光靠這種分類方法當然不能解決所有問題（分辨6和9、1和3和7等），所以還要搭配其他方法（圈圈在上還是在下、線在哪裡彎曲等）。

問題 4-3 的解法是「用橡皮筋圍」，所以分類相當粗糙，不過這種分類方法非常適合只想將圖形大致分類的時候。

好不容易學會這麼有趣的分類方法，接著再複習一些類似的問題吧！

問題 4-4

請按照問題 4-1 的條件，思考以 3 根火柴棒和 4 根火柴棒排圖形的情況，並以「用橡皮筋圍」的方式將圖形分類。

問題 4-4 的答案

以 3 根火柴棒和 4 根火柴棒可以排成的圖形，分類之後如下表。從下表可知，用 3 根火柴棒可以排出 3 種，用 4 根火柴棒可以排出 5 種圖形。

3 根火柴棒可以排成的圖形分類表

	沒有圈	有 1 個圈
沒有交點	∨∧	△
有 1 個三叉路	T	◿

4 根火柴棒可以排成的圖形分類表

	沒有圈	有 1 個圈
沒有交點	∨∨	□
有 1 個三叉路	T—	◁
有 1 個四叉路	＋	◿

問題 4-5

以同樣方法和條件，用 6 根火柴棒排圖形時，我們可以排出幾種？

6 根火柴棒可以排成的圖形分類表

	沒有圈	有 1 個圈	有 2 個圈
沒有交點			
有 1 個三叉路			
有 2 個三叉路			
有 3 個三叉路			
有 1 個四叉路			
有 1 個四叉路和 1 個三叉路			
有 1 個五叉路			
有 1 個六叉路			

問題 4-5 的答案

　　從前一頁的表格可知，用 6 根火柴棒的話，可以排出 19 種圖形。只有在有 2 個三叉路和 1 個圈的情況下，才會有 2 種不同的圖形。

合併技巧

企劃人員看穿本質，熱門商品應運而生！

我小時候雖然早已對火柴棒問題習以為常，但是，這次因為研究使用電腦以光學原理讀取手寫郵遞區號時，才學到其背後蘊藏的邏輯。

不論是「只要線是封閉的，不管是三角形、四邊形、非正多邊形、圓形，都視為同一種類」的分類方法，或者「6 和 9 都是從圓形凸出一條線」的分類方法，只要「把圖形視為用橡皮筋圍成的」就行了。這種數學思維就是所謂的「拓樸學（**Topology**，是近代數學的一個分支，拓樸學研究的是一些圖形經類似拉長或壓縮後皆不變的幾何性質。）」我們在授課的時候，不要只把它當成學問來教，如果能搭配解讀郵遞區號這種在〔現實世界〕中的實際應用方法，相信學生都能對這些內容印象深刻。

不過，即使能按照這種分類方式辨識文字，電腦並不會自動從頭做到尾。我們說明分組程序的時候，只需要強調這是活用人類智慧的學問領域即可。想好這樣的分類規則之後，就能（透過電腦程式語言）命令電腦進行實際處理的工作。

先有人類的智慧，才有電腦精采的表現。

逼近火柴棒的本質？！

還記得火柴棒計算遊戲嗎？

左右兩邊有火柴棒排成的數字，中間有兩根火柴棒排成的「＝」記號。題目通常會要求我們移動幾根火柴棒來完成等式。

順帶一提，我讀高中的時候最流行的問題是：只移動2根火柴棒即完成火柴棒式子「40010 = 11」。

正確答案在第80頁（要有高中數學的知識才能明白）。

相對於這種比較艱深的問題，我還記得一些連小朋友都能玩的火柴棒問題。

第一個問題是用4根火柴棒排出田地的「田」字。

我絞盡腦汁想了好久，後來知道答案的時候，覺得自己第一次親身體驗到「轉換想法」的抽象概念。因為這個問題，我覺得自己的腦細胞頓時緊密連結，還覺得自己變得比較聰明了。

如果你還不知道答案，請先放下書本，拿出火柴棒試排看看。請拿出4根火柴棒開始動腦筋吧！不過，因為瓦斯爐和電磁烹調設備日益普及，現代的廚房裡說不定沒有備用的火柴。話說回來，現今用火柴盒當作廣告工具的餐飲店或拉麵店，好像也越來越少了。

引言就先說到這裡，該公佈答案了。

把4根火柴棒的圓頭併在一起，用手握著，以二對二的方式靠攏。從火柴棒的尾端看，就會看到小火柴棒的四方形尾端排成縱向、橫向各2列的樣子，看起來就是「田」字。（如果還是不明白，請參見96頁。）

從平面到立體的思考

再向大家介紹一個令人印象深刻的火柴棒遊戲。

先把2根火柴棒的圓頭靠在一起，末端張開成三角形，從下面將棒頭的部分用火融化，讓2根火柴棒的圓頭相接在一起，做成有兩腳的形狀。

請用這個零件（兩腳）和4根火柴棒，排出4個三角形。

如果讀者想挑戰這個問題，請務必小心用火。還是希望大家認真想一想，享受一下自己發現解答的喜悅，所以答案還是放在第 96 頁。想要挑戰這個問題的讀者，最好讀到這一行就把書闔起來，然後把焦點轉移到火柴棒上。

　　這個問題是在紙面上傷透腦筋，也想不出答案的，所以請動手作吧！

　　先在桌上以 3 根火柴棒排成正三角形，然後將兩腳零件的兩腳，對著正三角形任意一邊的 2 個頂點，再把另一根火柴棒當成支架，做成正三角錐。把兩腳零件的腳部稍微傾斜，再拿另一根火柴棒，像要支撐兩腳零件似的把圓頭靠上去，構成三腳架。像這樣做出金字塔之後，就有 4 面（幾乎是）正三角形的形狀了。

　　拓樸學嚴禁將分離的東西接在一起，或者把接在一起的東西分離。然而，火柴棒遊戲最有趣的就是合併和分離的變化。本章的問題是以火柴棒排列，再以拓樸學作分類，這樣作反倒有種不協調的趣味。

　　話說回來，在現實世界中，「合併」思考法是企劃人員極具威力的武器。

　　馬桶加上小型淋浴設備就是「免治馬桶」，收音機加上錄音帶卡座就是「收錄音機」（目前已進化到是附帶 CD、MD 或 DVD 播放裝置）。行動電話加上攝影機就是「影音行動電話」，還可以傳送影音資料格式的 MMS 多媒體訊息。

　　「合併技巧」的應用實例真是不勝枚舉。不過，話雖如此，並不是隨便把不同的東西合併起來，就能當成商品販賣。企劃人員要能夠追根究柢，掌握「便利」的本質，再發揮創意才能

創造出魅力商品。

　　隨著現在不抽煙、討厭煙味的人越來越多，價格便宜的打火機也越來越普遍，因此火柴的需求量已經日漸減少。火柴棒刺激了我們的思考，有助於訓練「合併技巧」，可是，以後火柴棒可能會漸漸銷聲匿跡，真令人感慨。即使我們改用其他類似形狀的東西（用筷子、叉子）代替，感覺上就是少了點什麼。

　　最後這些只是題外話。

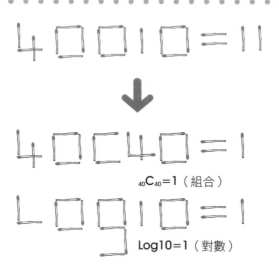

$_{40}C_{40}=1$（組合）

Log10=1（對數）

Chapter 5

第 **5** 章

獨裁者的錯估誤算

如果突然增加足球賽的比賽場數會怎麼樣？

　　無論游泳或陸地上的運動，籃球或足球等都可以作為比賽項目。

　　大家有沒有想過如果增加參賽隊伍，變成規模更大型的比賽會更刺激有趣呢？

　　在本章裡，讓我們一起思考有關足球的單淘汰賽吧！

　　請根據接下來的問題，提出一個有說服力的答案，教訓一下獨裁者。

問題 5-1

問題 5-1

　　某國的獨裁者知道人民越來越喜歡足球，所以，他下令：「我們自己也來舉辦足球的單淘汰賽吧！」他還說：「既然要舉辦比賽，就作大規模的長期對抗賽，每個隊伍不贏 100 場就不能得勝（當然落敗時就必須被淘汰）。就這麼辦吧！」

1 總共會有幾場比賽呢？
2 每一場比賽都提出一張選手名單的話，所有的選手名單疊起來會有多高呢？
另外，如果一張紙厚度是 0.01 公釐，請先用直覺從下面五個選項中選出答案來。

① 校舍的高度（約 12 公尺）
② 東京鐵塔的高度（約 333 公尺）
③ 富士山的高度（約 3776 公尺）
④ 從地球到太陽的距離（約 1 億 5000 萬公里）
⑤ 宇宙的盡頭（理論上從地球的觀測可能範圍是 9.4×10^{21} 公里）

　　一下子要求出總共有幾場比賽是有點困難吧！那麼，先讓我們把問題分析一下。

　　當我們遇到複雜的問題時，重要的是先試著將它簡化。

問題 5-2

首先以單淘汰賽的方式（一旦輸了一場就退出比賽）來決定優勝者。如果參加隊伍有 20 隊，將以怎樣的方式來決定勝負呢？

問題 5-2 的解答

比賽的方式有很多。比如說，讓 4 個隊伍做種子球隊，從第三輪開始讓他們加入比賽。或是讓 8 個隊伍先做預賽。第三種則是「超種子」方式，也就是實力排名倒數第一、第二的隊伍必須取得19勝，而排名第一的隊伍只要取得1勝，排名第二的隊伍只要取得2勝……到排名第十八的隊伍只要取得18勝（請試著照這樣的規則畫出賽程表）。有一個日本將棋淘汰賽，就是採取這種超種子方式的預賽。

例一：
4 個隊伍（⑰～⑳）是
種子隊伍的比賽

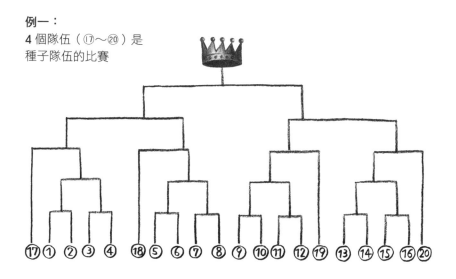

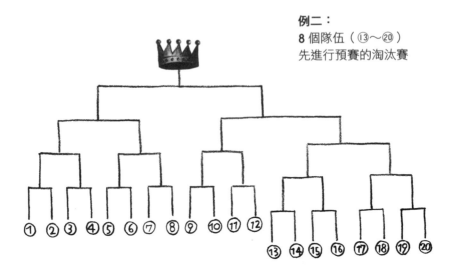

例二：
8 個隊伍（⑬〜⑳）
先進行預賽的淘汰賽

減少比賽的場次！

　　了解單淘汰賽的結構之後，請想想以下的問題。

問題 5-3

假設比賽沒有平手的情況發生，如果有 20 個隊伍出賽，我們該如何減少比賽的場次呢？如果參賽隊伍有 n 隊又會變成怎麼樣呢？

請數一數例一和例二的比賽場數，雙方都是 19 場比賽，對吧！接下來，如果考慮日本將棋的超種子選手權預賽所使用的單淘汰賽表，其中排名最後的隊伍優勝的情形下，仍然必須參賽 19 次才能獲得優勝。所以，無論如何，20 個隊伍參賽時，不管想怎麼減少比賽次數，也必定會有 19 場比賽。這是為什麼呢？

如果換一個角度來看，原理其實很容易了解。因為比賽一定會有落敗的隊伍出現，除了優勝的隊伍之外，其他任何一隊必定會落敗一次。

也就是說，每一場比賽都會減少一個隊伍，最後只留下優勝隊伍。為此，必須淘汰 19 個隊伍，所以必須要有 19 場比賽。

問題 5-3 的解答

比賽必須要有 19 場，沒有辦法再減少。因此，如果有 n 個隊伍參賽，比賽就有 n−1 場。

在回到問題 5-1 之前，先思考另一個條件吧！

這個條件就是：「無論哪個隊伍都必須獲勝 100 回合才能優勝。」這是獨裁者開出來不可改變的條件，而對所有的隊伍都適用。

先看幾個簡單的例子。

首先，獲勝兩次才能優勝的情況，和獲勝三次才能優勝的情況。

實際上還是運用賽程表來觀察。

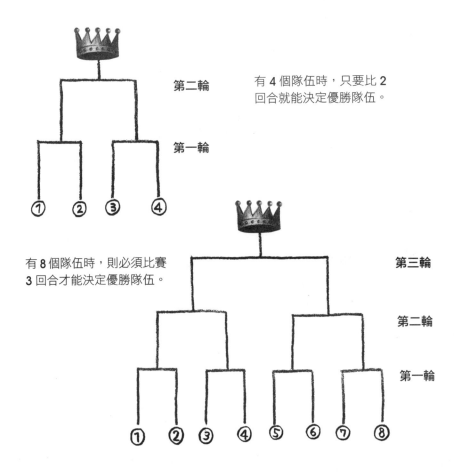

有 4 個隊伍時，只要比 2 回合就能決定優勝隊伍。

有 8 個隊伍時，則必須比賽 3 回合才能決定優勝隊伍。

有 4 個隊伍時，不管是哪個隊伍都必須取得兩勝才能優勝。有 8 個隊伍時，也是不管哪個隊伍都必須取得三勝才能優勝。

不管是哪個隊伍都必須取得四勝才能優勝的情況下，參賽隊伍共有幾個呢？已經知道答案了吧！是 8 個隊伍的兩倍 16 隊。

如果以賽程表來表示，就如同下面圖表所顯示。若將16個隊伍分成兩邊各 8 隊，優勝隊伍必須在自己那邊先獲勝三次，最後再由兩邊的優勝者勝負一次。

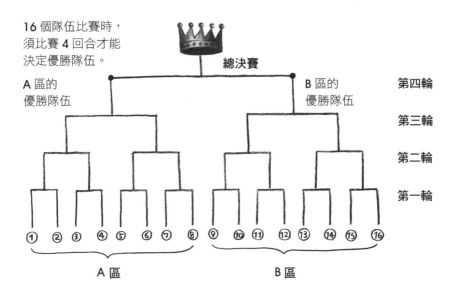

16 個隊伍比賽時，須比賽 4 回合才能決定優勝隊伍。

A 區的優勝隊伍　B 區的優勝隊伍

總決賽

第四輪
第三輪
第二輪
第一輪

① ② ③ ④ ⑤ ⑥ ⑦ ⑧ ⑨ ⑩ ⑪ ⑫ ⑬ ⑭ ⑮ ⑯

A 區　　　　　　　　B 區

上述推論歸納如下。我們可以想到，必須經過 n 輪比賽才能決定優勝的時候，先分成兩邊進行比賽，各自的優勝者是「獲得 n-1 次勝利的隊伍」。然後，再由兩邊的優勝隊伍進行決賽。這樣總計是 n 次比賽。

因此，「必須優勝的比賽次數」每增加一次，隊伍數就會變成兩倍。

如果有 100 場比賽……

正如上述，如果沒有種子隊伍參賽，而是所有隊伍都同等對待的情況下，則成為優勝者所必須獲勝的比賽次數每增加一次，參賽隊伍的數目就會變成兩倍。

隊伍數	2	4	8	16	32 ……
比賽次數	1	2	3	4	5 ……

為了確認這樣的邏輯，請思考下面的問題。

問題 5-4

　　每支小木棒代表一個隊伍，請問到優勝者出現為止總共有幾輪比賽呢？

||||||||||||||||||||||||||||||||||||||||||||||||||||||||||||||||||||||||||||||||||||||||||||||||||||||||||||||||||||||||||||||

光數棒子的數量就很頭痛了吧？的確如此，其實棒子看起來雖然很多，卻有一定的規律喔。

如果用尺量一下全部的長度，可以發現在一定的長度裡，有著一定數目的棒子（當然不是正確的數目也無妨，2、4、8、16……這樣的數目裡找出最接近的數即可）。或許有人認為與其那樣算不如用數的比較快？那當然也可以。

全部有 128 支。

我們用圖來表示相當於「為了獲得優勝，每增加一次必須獲勝的次數，隊伍數就會變成兩倍」的關係式吧！

第 1 輪比賽時的隊伍數　2

第 2 輪比賽時的隊伍數　2 × 2 = 4

第 3 輪比賽時的隊伍數（2 × 2）× 2 = 8

第 4 輪比賽時的隊伍數（2 × 2 × 2）× 2 =16

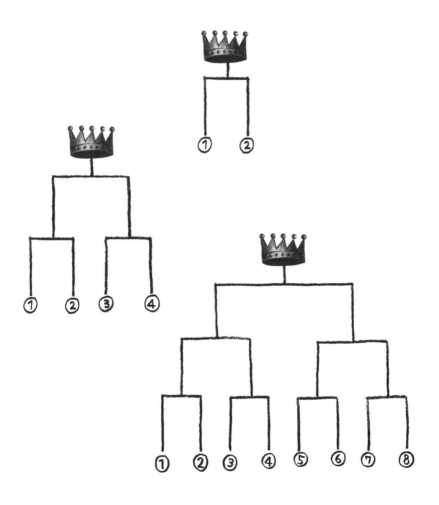

進一步用指數來表示就是：

第 1 輪比賽時的隊伍數　2 = 2^1

第 2 輪比賽時的隊伍數　2 × 2 = 2^2

第 3 輪比賽時的隊伍數（2 × 2）× 2 = 2^3

第 4 輪比賽時的隊伍數（2 × 2 × 2）× 2 = 2^4

因此，128 是 2 連乘 7 次的結果（2^7），也就是說必須要有 7 輪比賽。

實際用以下圖表來確認，也是 7 輪比賽。

問題 5-4 的答案　共 7 輪比賽。

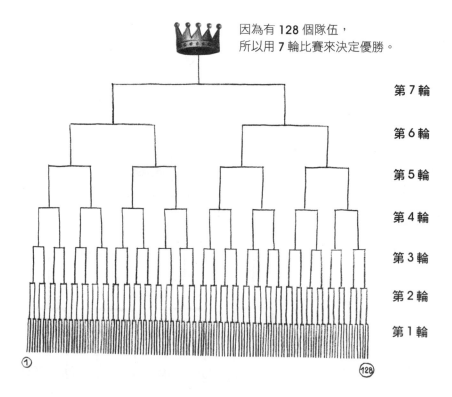

因為有 128 個隊伍，
所以用 7 輪比賽來決定優勝。

第 7 輪

第 6 輪

第 5 輪

第 4 輪

第 3 輪

第 2 輪

第 1 輪

① 　　128

讓我們回到問題 5-1。如果用同樣的方法來思考，所有的隊伍必須贏100場比賽才能獲勝的單淘汰賽的隊伍數，應該是2^{100}隊吧！則比賽的場數是減1後的（$2^{100}-1$）場。

問題 5-1　①的答案　　（$2^{100}-1$）場比賽。

用概算就可以知道的驚人事實

　　所以，思考這樣的數目所代表的意思是很有趣的。

　　首先，再回顧一次我們剛才已經畫過的，必須贏兩輪比賽才能優勝的單淘汰賽圖表（請參見第104頁）。因為出場的隊伍總共有4隊，所以，比賽場數就有3場。其中含總決賽一場，和單淘汰賽的2場比賽。其數式可表示如下：

$$1+2=3\ (=2^2-1)$$

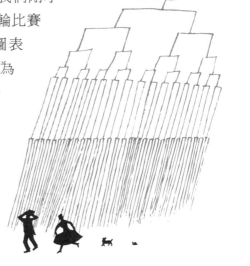

　　接下來，再看必須贏三輪比賽才能獲勝的單淘汰賽圖表（請參見第104頁）。

　　這次有$2^3=8$個隊伍，所以，比賽的場數是8－1=7。這個情況也是總決賽1場、準決賽2場、初賽4場，全部加起來就等於比賽的場次。用式子可表示如下：

$$1+2+2^2=7\ (=2^3-1)$$

再來看必須贏四輪比賽才能獲勝的單淘汰賽圖表（請參見第105頁）。這回是 $2^4=16$ 個隊伍的比賽，所以，比賽的場數是 $16-1=15$。總決賽 1 場，準決賽 2 場，初賽 4 場（到這裡還剩下的隊伍，就是所謂的前八強）。然後再加上一開始的八場預賽，全部加起來就是比賽的總場次。其式子表示如下：

$1 + 2 + 2^2 + 2^3 = 15$（$= 2^4-1$）。

　　到此，我們應該就可以很容易想像 $2^{100}-1$ 怎麼用式子來表示了吧！2^{100} 個隊伍出場比賽時，剛開始第一輪比賽的場數是隊伍數的一半，所以請注意它是 2^{99}（$2^{100} \div 2$）。

$1 + 2 + 2^2 + 2^3 + 2^4 + \cdots\cdots + 2^{99} = 2^{100}-1$

　　為了要思考問題 5-1 的第 **2** 題，讓我們來稍微復習一下指數律吧！

　　首先思考 2^n 的意思。這是 2 自乘了 n 次後的結果。

$2^n = 2 \times 2 \times 2 \times 2 \times \cdots\cdots \times 2$（n 個）

這樣就知道接下來是

$$2^3 \times 2^2 = （2 \times 2 \times 2）\times （2 \times 2）$$
$$= 2 \times 2 \times 2 \times 2 \times 2$$
$$= 2^5$$

因為 5 是 **3+2**，所以，上述運算式可以表示為

$2^3 \times 2^2 = 2^{3+2}$

同理，一般式子可以表示如下：

指數律❶　　$a^m \times a^n = a^{m+n}$

　　其次是

$$（2^2）^3 = （2^2）\times （2^2）\times （2^2）$$
$$= （2 \times 2）\times （2 \times 2）\times （2 \times 2）$$

$$= 2 \times 2 \times 2 \times 2 \times 2 \times 2$$
$$= 2^6$$

最後乘的 2 的個數是 6（= 2 × 3），因此，以下的式子會成立：

$$(2^2)^3 = 2^{2 \times 3} = 2^6 \text{。}$$

同理，以下的式子也會成立：

$$(2^3)^2 = 2^{3 \times 2} = 2^6$$

所以，一般式子就是：

指數律❷

$$(a^m)^n = a^{m \times n} = a^{n \times m} = (a^n)^m$$

如此一來就將用以解出問題 5-1 的第❷題的工具都準備好了。在該問題中，我們只要知道所有的選手名單堆起來的高度約 0.01×2^{100}（公釐）的概數即可。首先，思考 2^{100} 大概是多少。

$$2^1 = 2$$
$$2^2 = 2 \times 2 = 4$$
$$2^3 = 2 \times 2 \times 2 = 8$$
$$2^4 = 16$$
$$2^5 = 32$$
$$2^6 = 64$$
$$2^7 = 128$$
$$2^8 = 256$$
$$2^9 = 512$$
$$2^{10} = 2 \times 2 \times \cdots\cdots \times 2 = 1024$$

根據剛才複習的指數律❷得知，

$$2^{100} = (2^{10})^{10} = 1024^{10}$$

這裡再注意 $1024 \div 1000 = 10^3$（「$p \div q$」是表示 p 和 q 幾乎相等的意思）。

再從指數律❷，

$2^{100} = (2^{10})^{10} = 1024^{10} \div (10^3)^{10} = 10^{30}$

因此，所有選手名單都堆起來的高度，大約可以算出是 0.01×10^{30}（公釐）。

其中，$0.01 = \dfrac{1}{100} = 10^{-2}$

所以，$10^{-2} \times 10^{30} = 10^{28}$公釐

如果利用單位換算，10 公釐＝1 公分（1 公釐＝10^{-1}公分），100 公分＝1 公尺（1 公分＝10^{-2}公尺），1000 公尺＝1 公里（1 公尺＝10^{-3}公里）

所以，10^{28}公釐＝$10^{28} \times 10^{-1}$公分 ＝ 10^{27}公分

10^{27}公分＝$10^{27} \times 10^{-2}$公尺 ＝ 10^{25}公尺

10^{25}公尺＝$10^{25} \times 10^{-3}$公里 ＝ 10^{22}公里

因為10^{22}公里＝ 10×10^{21}公里 ＞ 9.4×10^{21}公里

所以，最後的答案應該比⑤宇宙的盡頭再大一些吧！

問題 5-1 ❷的答案　是⑤

獨裁者也不知道該怎麼辦的比賽場數

若用這樣的概算就可以知道，所有選手名單堆起來的高度大約可到達宇宙的盡頭。如果我們也將因應比賽場數的會場說明書（假設紙的厚度也是 0.01 公釐），一張張疊起來的話，大約也會等於到宇宙盡頭那麼高。而光比賽就有$2^{100} - 1$ 場的時候，這樣多的會場準備工作，我們也知道有許多事是辦不到的吧！首先，接受報名的手續也不可能辦到。再者，全世界的人都集

合起來也組成不了這麼多的隊伍。全世界的人口，從嬰兒到老人總共約有 60 億人，如果以 100 億人來看就有10^{10}人。一個隊伍是由 11 個人組成，所以2^{100}隊伍的情況下，必須要有11×2^{100}個人。就算減少到只需要 10 $\times$ 2^{100}人，也必須有 10 $\times$ 10^{30} = 10^{31}人才行，這已經是全世界人口的 100 億倍的再 1000 億倍了。此外，地球的陸地面積是 14,889 萬平方公里，如果全部分成約每 7000 平方公尺的足球場每天進行比賽，那要幾年才能結束這麼多比賽呢？我們用概算來做做看。

如果計算 0.01 公釐乘上 2 的 100 次方，逐一相乘的話，剛開始只是個很小的數值，可是，最後卻會變成到宇宙的盡頭的大數。如果不用指數來計算，很有可能會計算錯誤，或是花費非常久的時間。而且，在天文學的世界裡，經常要處理像這麼大的數。因此，以小的數目為基準，有一個標準來確認大的數目也可以簡單地處理，這種方法是必要的。例如，將1024當做10^3，因此，要能直覺地大致掌握「指數是 3」的方法是對的。這裡的3，也就是（位數−1）。若再將它細分，也就是（日本）高中二年級所學的「對數」。如果我們了解它的性質，就可以簡單地處理天文數值。

在「對數」被發現之前，天文學家為了計算總是必須花費大量的時間和勞力。這也難怪有人說：「對數將天文學家從計算的痛苦裡解救出來，讓他們壽命延長了十年」的原因。

簡化技巧

面對數學難題的態度，
和面對社會難題的態度是相同的！

本章中，所有的參賽名單所堆成的高度是難以想像的。也就是說，把報紙（約厚 0.125 公釐）折疊 1 次、2 次、⋯⋯到100次時（物理上來說是不可能的，但就理論上而言），那個高度會和到宇宙的盡頭相等。

引導孩子們了解社會性的重要媒介「廣告」的功能時，有個使用報紙的有趣方法嗎？

報紙通常有30~40頁左右，每天早上收到的報紙，大都折了1、2 次變成 A4 到 B5 左右的大小。若再多折 1 次（第 3 折），假設有 30 頁的報紙就會變成 $30 \times 2^3 = 240$頁。如此一來，幾乎變成跟書本相同大小，頁數也跟書本一樣多。這時候我們會了解到，「1本書跟一天份的報紙有著相同的資訊量」。然而，為什麼報紙只要15元，提供同樣份量資訊的書籍卻要 200 多元？也就是，相當於十多倍的價格呢？

從這樣的追問開始，讓孩子們思考「廣告」的社會功能吧！而讀過本章的讀者，一定可以享受到問孩子「如果把報紙折100次會變多高呢？」的樂趣。

思考之前，先行動也會成功

岡部老師從本書一開始就強調：「**思考特殊問題時，先想辦法把它簡化是很重要的**」。比起停在「必須取得 100 勝才能優勝的單淘汰賽⋯⋯」這個問題上打轉，還不如動筆寫寫看就能知

道真實情況如何了。

如同本書第107頁的賽程表所示，1回合決勝負的情況，換句話說，也就是，如果第一輪就是總決賽，那麼，參賽隊伍當然只有 2 隊。2 輪比賽決勝負的話，那就是從準決賽開始，所以，是兩倍的 4 隊。從初賽開始的話，就是再 2 倍的 8 隊。這樣繼續思考下去，參賽隊伍的數目不知怎麼地和「2 的 n 次方」」有種莫名的巧合。

思考這件事，絕對不是光說，腦袋就可以建構出來。大多是用筆先寫下一些想法，以刺激我們的思考而得到靈感。這表示指尖也是幫助思考的一部分。

關心自己的周遭事物來思考

無論市場調查，還是困難的社會問題，都先回歸到自己周遭的簡單問題加以思考，這也是特意將問題簡化，屬於「**簡化的思考技巧**」之應用。

譬如說，開發小玩具車時，先針對孩子們喜歡的顏色做研究。關於這個問題，我們當然可以進行大規模的調查，然後再找出色彩學上也可以接受的答案。但是，大部分的情況是就算要做調查，沒有「假設」是行不通的。先有「假設」的調查才是有意義的，因為在沒有「假設」所做的調查，是看不到事實真相的。

那麼，要怎樣引導出假設呢？

最單純的方法就是，默默地觀察正在玩著各式各樣顏色玩具的孩子。如果自己家裡有小朋友的話，就一整天待在家裡陪他一起玩。這比起在公司的商品企劃室裡空想，更容易獲得重要的靈感。

實際上，我觀察到與成人喜歡深沈有格調的顏色不同，幼兒反而較喜歡「白底色配紅色和藍色」那種鮮明飽和的顏色。

如果是簡化說明的課程，孩子們也能接受

日前，我以客座老師的身分參加本地的中學「現實世界」的課程研習，區長以特別來賓身分來參觀。

因為區長在教室出現是很特別的事，所以，我們讓孩子們準備了「模擬區議會」的演出，讓他們直接質詢區長。那時，一個孩子很天真地問了這樣的問題：「聽說其他的區有學校裝冷氣，那為什麼我們這個區的學校只有電風扇呢？」那天是非常酷熱的一天，其實大家也都想問這個問題。因為那時區長的答辯（也就是在教室的回答）實在值得參考，所以，在此不厭其煩地引用如下：

「如果全部的教室都配置電風扇的話，一間學校只要花 400 萬就好了。但如果是裝冷氣的話，光設備就要 2400 萬。那麼，如果你是區長，這中間的差額 2000 萬元×67 校＝約 13 億元要怎麼投資呢？用在增設無障礙空間上？或用在整治環境問題上？還是拿去做校園綠化？又或者，只為了一個夏天裝冷氣呢？」

這樣一來，原本複雜的政治問題，在對孩子們來說最切身的「電風扇還是冷氣」的問題上「簡化」之後，我們也可以看出「政治和行政就是將稅金的使用做調整和最適當的分配」的本質。在那裡花錢的話，在其他地方就必須刪減，如果多出預算，就可以投資在其他重要課題上。因此，我們雖然是在處理政治問題，但也自然會感受到必要的「取捨感覺」。

縱使大多數的公民課本，在教政治時，試圖以由上到下的方式說明「憲法」、「國會的功能」、「三權分立」、「法院的功

能」、「行政的功能和地方自治」等，但「現實世界」課程一直都是逆向而行。

　　對孩子們來說，從跟他們最有直接關係的事物切入，來跟他們談關於國家社會的狀況，才能使他們從小融入其中。

　　這就是教育上也應用「簡化技巧」的具體例子。

第 **6** 章

Chapter 6

比劍還強的鉛筆

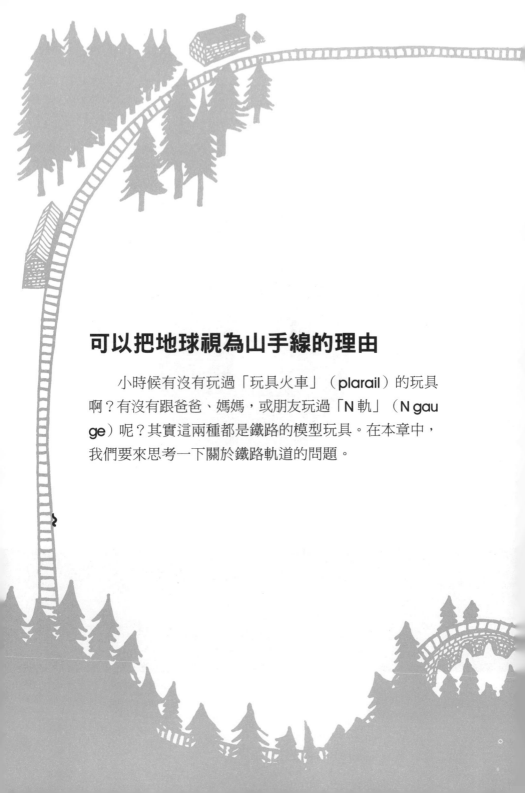

可以把地球視為山手線的理由

　　小時候有沒有玩過「玩具火車」（plarail）的玩具啊？有沒有跟爸爸、媽媽，或朋友玩過「N軌」（N gauge）呢？其實這兩種都是鐵路的模型玩具。在本章中，我們要來思考一下關於鐵路軌道的問題。

問題 6-1

　　想像現在有一條和山手線一樣，每繞一周就回到原處的鐵路，這樣的軌道只用圓弧和線段就可以做成。如果軌道的寬度是 1.5 公尺的話，軌道內側的周長和外側的周長相差多少公尺呢？

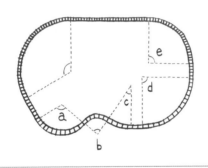

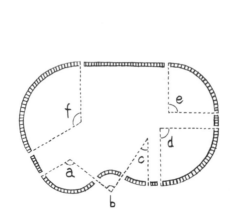

　　只要將問題 6-1 的圖，像上圖般適當地切成幾段，就可以分成多個線段和圓弧。也就是說，軌道就是用線段和圓弧流暢地連接起來的。實際上，150 分之 1 的鐵路模型叫做 N 軌，據說是因為模型鐵軌的寬度是 9（Nine）公釐的關係。如果換算回150倍，就是1.35公尺，但為了計算方便，就算它是 1.5 公尺吧！

　　這樣一來，關於這個問題，也許有人會感到疑惑：「如果要計算圓弧的長度，不知道半徑也能算嗎？」這似乎有點奇怪。

　　為了解半徑的值是否必要，我們先來思考一下，由名古屋大學栗田老師在中學教科書裡所提出的問題。這個問題因為曾出現在電視連續劇裡，而廣為人知。

問題 6-2

沿著赤道（約 4 萬公里）建立高約 8 公尺的電線桿，並拉起電線。不管電線桿有多少，電線和赤道是呈同心圓狀。

請問，電線會比赤道長多少？（請忽略「海上無法搭電線桿」的因素，這只是個頭腦體操。）此外，地球的半徑大約是 6,378,140 公尺。

①約 50 公尺　②約 500 公尺　③約 5 公里　④約 50 公里

多管閒事的叮嚀

千萬不要以為以下說法是對的：「因為是沿著約 4 萬公里的赤道在 8 公尺的外側畫圓，所以應該相當長吧！因此答案要不是③的 5 公里，就是④的 50 公里。」

問題 6-2 的解法

如果赤道的半徑是 r，電線的半徑是 R，根據條件是 R − r = 8，所以，電線的長是 $2\pi R$，赤道的長是 $2\pi r$，差就是

$$2\pi R - 2\pi r = 2\pi（R - r）$$
$$= 2\pi \times 8 = 50.24。$$

問題 6-2 的答案　①約 50 公里

與半徑無關嗎？

你在計算前就已經預測到答案了嗎？

其實，這個算式在不管 r 是多小的情況下，都會得到像宇宙般大的值。

還有，如果計算每個圓周長並取其差

40054769.44 − 40054719.2 ÷ 50

也行不通吧。這時候，我們就會瞭解用「分配律」作運算的好處。再者，若是重新以代數式來計算，然後再代入實際的值，使用分配律的解法就會自然出現。這樣一來，就能避免許多人從容易陷入的計算錯誤陷阱裡找出答案。我想，透過這樣的解法我們就知道「將計算的構造明確化」的文字式的長處了。

雖然內側和外側圓周的長的差，是依據兩個圓的半徑的差 d（d = 8 公尺）計算得來，但無論半徑多大或多小都沒關係，經常是 2 × d × π。

那麼，如果不是圓周而是圓弧的話，該怎麼做呢？

這種情況也一樣。不是依據半徑，而是依據半徑的差。同時，如果是圓弧，也可以依據角度來運算。若是半圓（中心角180 度）的圓弧的長的差，也就是 2 × d × π 的一半 d × π；又中心角是 90 度的話，就是它的再一半（d × π）÷ 2。

也就是說，角度如果是α°，長度的差就是

$2d\pi \times \dfrac{\alpha}{360}$

反過來說，如果是凹進去β°時，相對於外側，內側的圓弧就會變得比較長。所以，結果就是 $2d\pi \times \dfrac{(-\beta)}{360}$。

直覺也很重要

問題 **6-1** 的火車路線是圓，所以我們可以利用現在的公式，外側的軌道比內側軌道只多了

$2\pi \times 1.5 = 3\pi$

這麼長。其中，這裡的 **1.5** 是軌道的寬度。

不過很遺憾地，軌道並不完全是圓的。而且在途中，也有往內側凹進去的地方（∠**b**的部分）。儘管如此，我們在此有「雖然不是完整的圓，總覺得公式應該會成立吧！」的感覺，是很緊要的一件事。雖然抱著「數學是有邏輯的」想法者的確大有人在，而我對於「數學就是要學習如何堆砌起所謂的三段論法的技巧」的想法也不贊同。所以「總覺得應該是」的直覺是非常重要的。

那麼，再回過頭來看問題 **6-1**。我們先將每個圓弧的差加起來（不要算凹進去的地方），不管是哪個圓弧都是

$2d\pi \times \dfrac{1}{360}$，又因為 $2d = 2 \times 1.5 = 3$

所以，這個式子整理起來，軌道的差就是$\dfrac{3 \times \pi}{360} \times$（**a** − **b** + **c** + **d** + **e** + **f**）。

如果 **b** 是負的，那就只有這個部分是內側比外側長。問題是如何計算（**a** − **b** + **c** + **d** + **e** + **f**）的部分。

如下頁的圖，取出圓弧的部分，再以同一個中心點集中起來，這樣一來，應該會變成360°。特別注意在這裡的算式要減掉 **b** 的部分，也就是，

$$\dfrac{3 \times \pi}{360} \times (a - b + c + d + e + f) = \dfrac{3 \times \pi}{360} \times 360 = 3\pi$$

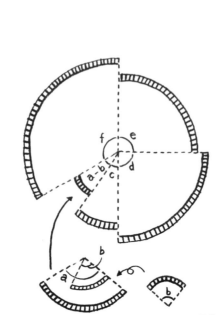

只將 b 旋轉時，須從 a
扣除重覆的部分

就算有像 b 那樣凹進去的部分，也是內側比較長的地方配。
但是，我們也會為了把 b 的部分補上，而多加了外側的長度。所
以，答案會是3π。這是對應圓形的2dπ（d=1.5）而來。

問題 6-1 的答案　3π公尺

聰明地使用鉛筆的方法

這個方法用直覺很容易了解。雖然像剛才的圖示一樣，轉
動–b 重疊之後來解，可是仍有「在這個問題裡很漂亮地解決
了，可是在其他的問題也同樣會成立嗎？」的疑慮。到底有沒
有能夠確定「不管在什麼情況下應該都會成立」的方法呢？

這裡來做個思考實驗（有閒暇的人不妨實際上試乘山手線
電車。但請別忘記也要做思考實驗喔！）

想像我們正坐在問題圖中，於軌道上行走的電車裡。如果在電車裡面，我們將鉛筆面對電車的進行方向繞了一周之後，鉛筆會向著和原來出發時一致的方向吧！為什麼呢？這是因為鉛筆並沒有動的原因。

實際上，鉛筆和電車是一起動的。在圓弧上一旦移動，我們應該知道只有那個弧的中心角的部分旋轉。

舉例來說，下面圖中從 A 向 B 移動時，鉛筆也只會旋轉∠a。稍微要注意的是，對應∠b的弧。對應∠a的弧會朝相反方向旋轉。因此，在這裡我們只要考慮旋轉過–∠b就可以。

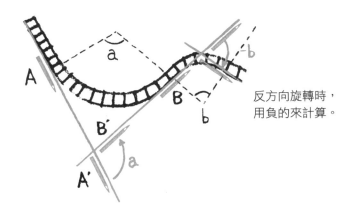

反方向旋轉時，
用負的來計算。

弧 AB 之間鉛筆所轉動的角度，也可以想成是 A'到 B'的旋轉角度。同樣地，∠b所對應的弧，可以看做是–∠b所旋轉的角度。

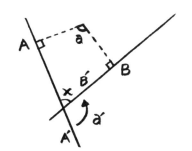

$\angle a = 360° - 90° \times 2 - \angle x = 180° - \angle x,$
$\angle a' = 180° - \angle x$
因此，$\angle a = \angle a'$，
弧 AB 之間鉛筆旋轉的角度就會等於 A'到 B'的旋轉角度。

像這樣思考問題 **6-1** 的圖，也就是說鉛筆旋轉的角度，我們可以將它想成是所有的角的和（反方向旋轉就是負的）。因此，我們就可以了解，就算途中折返也會和繞了一周的結果一樣。

這就是為什麼 a − b + c + d + e + f = 360° 的原因。

如此一來就可以確信，「如果像山手線一樣是繞一周的軌道，鉛筆會和電車開始啟動時的方向一致。而且，那就表示鉛筆也轉了一周。」答案不僅沒有改變，還更增加了人們的接受度。

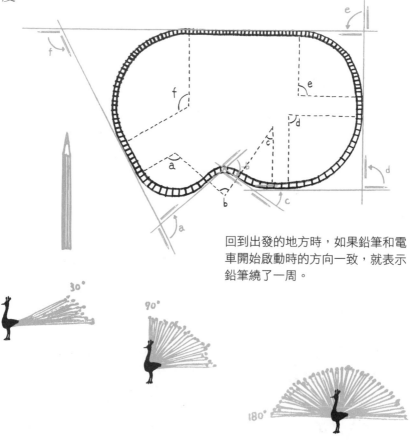

回到出發的地方時，如果鉛筆和電車開始啟動時的方向一致，就表示鉛筆繞了一周。

128

小學生都知道的高超技巧

用鉛筆計算角度和的方法，似乎可以用在各種的角度問題上。讓我們再來整理一下。請注意以下三點：

①在軌道的問題裡也是一邊動一邊旋轉。問題只在於鉛筆朝著哪個方向，位置就算移動了也無妨。

②將一定的旋轉方向當做正的（這裡是定逆時針方向為正），反方向就是負的。

+A°的旋轉

③鉛筆若轉半圈，旋轉角度是180°；若轉一圈就是360°，轉一圈半就是540°。

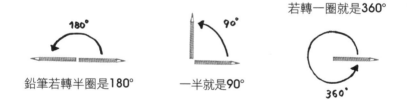

鉛筆若轉半圈是180°　　　一半就是90°　　　若轉一圈就是360°

此外，像接下來的圖，圓心是 O，頂端若旋轉 b 度，鉛筆的尾端也會旋轉和 b 相同的角度。這裡當然已經知道對頂角（兩條線的交差點互為相對的角）是相等的。

對頂角相等（∠b＝∠d）

先用轉鉛筆的方法來確定三角形的內角和是180°。

在小學裡，我們利用剪刀將三角形剪開，集中在一個地方確認。

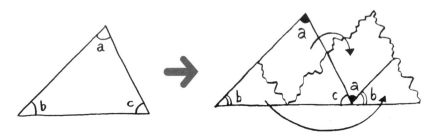

這個方法對小朋友來說，看似是個好方法，但必須事前準備好紙和剪刀。還有，現在的孩子們不是很會使用剪刀，所以像這樣簡單的工作可能也會做不好。

可是，如果像以圖般，只要用鉛筆照著 a、b、c 的順序旋轉的話，就不用特別準備工具，就算有些差錯也無所謂。而且∠b的部分則可以利用對頂角相等的原理。

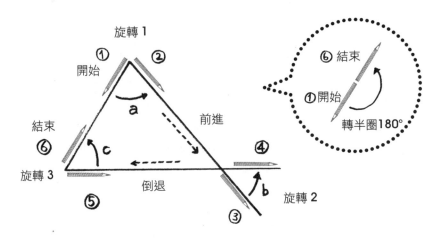

依照① →旋轉 1→② →③ →旋轉 2→ ④ →⑤旋轉 3→
⑥的順序，試著轉動鉛筆看看。

複雜的圖形也可以使用鉛筆來解嗎？

以下簡單舉幾個可以使用鉛筆來解的問題。

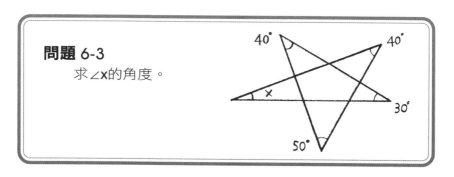

問題 6-3

　　求∠x的角度。

　　解法有很多種，如果用鉛筆旋轉看看，我們會發現一個規則。那就是，星狀奇數角形的內角和通常是**180°**。

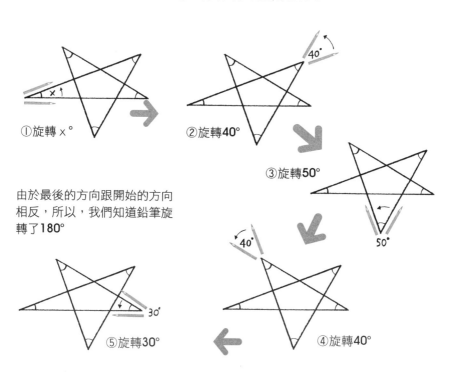

①旋轉 x°

②旋轉40°

③旋轉50°

④旋轉40°

⑤旋轉30°

由於最後的方向跟開始的方向相反，所以，我們知道鉛筆旋轉了180°

在圖裡鉛筆轉了半圈，所以我們知道全部的角度加起來是180°。

因此，x＋40°＋40°＋30°＋50°＝180°

則 x＝180°－（40°＋40°＋30°＋50°）＝20°

問題 6-3 的答案　　20°

緊接著，請試著解出下圖的角度。

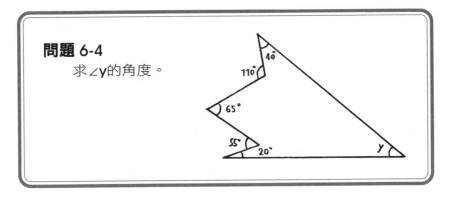

問題 6-4
　求∠y的角度。

不久以前，有一間知名的升學補習班的問題集裡，出現像下圖一樣，寫著「利用已知六角形的和是**720°**來求內角。」的題目。

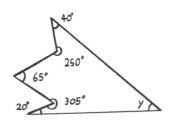

也就是說，從 y+40°+250°+65°+305°+20°＝720° 計算出y
的方法。

　　當然那樣也可以求出來，可是使用鉛筆來計算卻簡單許多。

①40°逆旋轉（順時針方向）

把旋轉當做是正的，逆旋轉
當做是負的。加總後的旋轉
的總和就是 y。

②110°旋轉（逆時針方向）

③65°逆旋轉

④55°旋轉

⑤20°逆旋轉

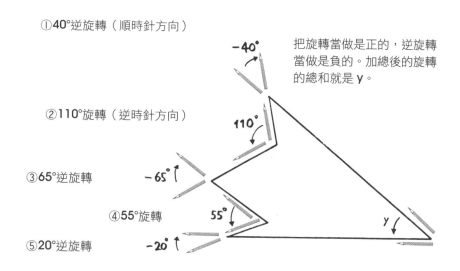

現在，把所知道的角度，用鉛筆來旋轉看看。首先是 **40°**的逆旋轉（①），再來是 **110°**旋轉（②），然後再逆轉 **65°**（③），接下來再旋轉 **55°**（④），最後是逆旋轉 **20°**（⑤）。①、③、⑤是對頂角旋轉。注意在一開始放置鉛筆的位置，和最後鉛筆停止的位置的話，我們就會發現正好旋轉了與∠y同樣的角度。

　　這個操作可用式子表示如下：

y＝−40°＋110°−65°＋55°−20°＝40°

　　因此，我們就得知∠y是 **40°**。

問題 6-4 的答案　40°

愈解愈可以看出規則

只要解了兩題左右像這樣複雜的圖形問題後，我們也許就只會感到「手續很繁雜」而已。所以，請大家再來挑戰一個複雜的問題。如此一來，我們應該就可以發現那種有著不規則邊緣的圖形的性質。

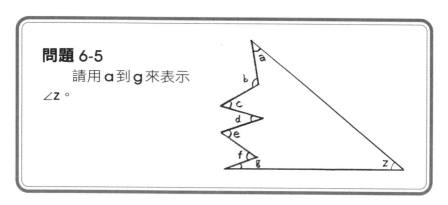

問題 6-5

　　請用 a 到 g 來表示 ∠z。

問題 6-5 的解法

用鉛筆旋轉 ∠z 的角度的話，就是從 a°逆旋轉→b°旋轉→c°逆旋轉→d°旋轉→e°逆旋轉→f°旋轉→g°逆旋轉。這樣一來旋轉的量就會相等。也就是說，我們可以用 $-a+b-c+d-e+f-g$ 來表示。

問題 6-5 的答案　　$z = -a+b-c+d-e+f-g$

怎麼樣呢？我們一旦習慣了，就會覺得轉鉛筆的方法顯然簡單多了，而且還能發現這種問題的規則吧？

現在，我們再舉其他一些使用鉛筆來處理而簡化解題過程的例子。請嘗試自己思考看看。

問題 6-6

試求∠a到∠h
的角度和。

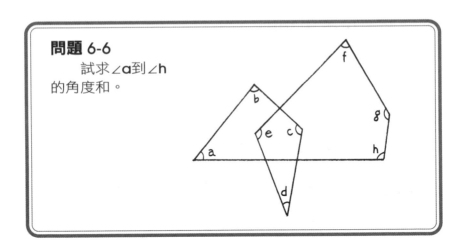

問題 6-6 的答案　720°

問題 6-7

求∠x的角度。
其中 l 跟 m 平行。

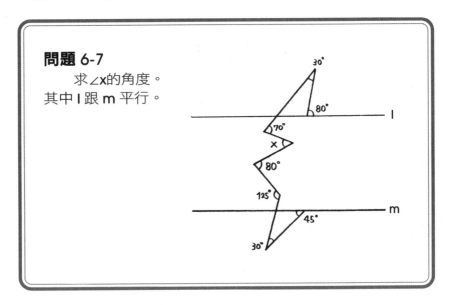

問題 6-7 的答案　50°

直觀技巧

已在半年裡培養出「看穿事物本質的數學腦」的中學生，再繼續加油吧！

在本章中有感覺恍然大悟的讀者，應該能秉持著自信，跟自己的孩子提出以下問題吧！

「假設現在你從所在位置逆向繞著地球一圈，而地球剛好有一圈圍巾圍著。那麼如果現在要把圍巾升高至你的身高的高度，圍巾需要加長多少呢？」

如果是身高 150 公分的小學生，就是150 公分×2×π，所以，大約是10公尺左右。換句話說，若只有升高 30 公分的高度，那也要 2 公尺左右。

這裡只要理解概念就好。不過，這和第五章的問題也是相通的。一開始想像的高與長到底有多少差異？我想你本來一定覺得應該會更長吧？

事實上，校園裡的小貨車、山手線、地球，和「半徑」的大小沒有關係了。

因此，在山手線的軌道外側和內側的長度差異問題上，「**總覺得應該是**」的感覺，就成為一個很重要的說法。

岡部老師在本章提過：「雖然有人認為「數學是有邏輯的」，但我卻無法贊同『數學就是要學習如何堆砌起所謂的三段論法的技巧』的想法。所以像這種『總覺得應該是』的感覺非常重要。」

如果是指「正確的直覺」，那麼，也許沒有天生就擁有這種能力的孩子。但如果想「總覺得應該可以這麼做」，然後有自信地去做做看，這樣的勇氣和決斷力，正是解決問題時，接近

事物本質的第一步。

在本書裡出現的若干好問題中，也有運用到這種「正確的直覺」，剛好可以做為練習培養直覺力。

某個學生竟然有這樣的解法

品川女子學院提供我們實施課程的機會，以中學 2 年級的學生為對象，持續半年使用這本書籍的內容，以教授「現實世界的數學」。在後半階段的課程裡，亦即第六章一開始的問題 6-1 出現時，有個學生在課程結束時注意到這個問題。

「藤原老師，這個軌道的問題就像之前學的一樣，只要想像軌道可以用橡皮筋做成，那無論是怎樣歧嶇的軌道，只要試著把它伸展開來就會和兩個重疊的圓一樣吧？」

「咦？」（已經開始動搖的我）

「因此，不用逐一計算角度，只要將它當成圓就會得到2π×1.5 公尺（軌道的寬度）吧！」

「喔，這樣，是…是啊。」（其實，本來教這門課的岡部老師因為參加教授會議請假不在，只剩下導師鈴木老師和煩惱的我。）

「可是，因為有凹進去的部分，應該不會變成那樣子？」（鈴木老師這樣回答。不過好像也不是很有把握的樣子。）

「凹進去的部分一定會突出來，突出來的部分也一定會凹進去，結果就是和圓一樣都是封閉的啊！」學生提出這樣的反論來。

「好像還蠻有說服力的。好，我知道了。下週來問問岡部老師。」

所以，這個學生的想法是不是正確的，就要等到下週由岡部

老師來解答了。

　　根據岡部老師的結論，「這個直覺是正確的。至於原因就必須要用旋轉鉛筆來說明。」

　　因此，這位中學 2 年級的學生所想出來的方法並沒有錯，的確是看穿事物本質的方法。

要鍛鍊視覺，就要關上視覺

　　很明顯地，這位學生不就是因為**持續接受「現實世界的數學」的課程，而鍛鍊出數學的視覺能力**的嗎？所以，他才會有「總覺得應該是」和圓那種題目一樣可以用橡皮筋解題的想法。

　　我們都知道大體上解決問題時，如果能用視覺思考，並用圖形表示問題，那問題就能夠早點解決。因此，我們在第七章的安排，就是希望能讓學生學習視覺上的思考技巧。

　　另一方面，大家可能多多少少都有聽過相反的說法也不一定。為了鍛鍊看穿事物本質的「正確的直覺」，有時必須要將視覺關上，來刺激人類生來的其他「五感」。也就是「聽覺」、「嗅覺」、「味覺」、「觸覺」，然後是「第六感」。

　　聽說岡部老師本身是用民族舞蹈來鍛鍊五感。也有人建議以坐禪的姿勢冥想，將視覺封起來，然後運用身體感覺地球和宇宙。

　　我個人的建議是一種由德國發起的活動，名為「Dialog in the Dark（在黑暗中的對話）」。活動內容是，在一個人工的，連自己的手指都看不到的黑暗空間裡，只依靠「聽覺」、「嗅覺」、「味覺」、「觸覺」來回走動。

　　2002 年的秋天，在德國文化會館裡曾經舉辦了在日本第五次公開的活動。我也獲得了參加的機會。

「Dialog in the Dark」是一個課程，讓視覺障礙者帶領，在鋪滿小石頭和砂的黑暗空間裡來回走動，碰觸玩具和木雕像，嗅著花香，傾聽非常微弱的流水聲。課程的最後，仍是由視覺障礙者的吧台侍者倒酒，讓我們品嚐看不見的酒。這是一種從歐洲的運動中誕生的活動。我們藉由讓人們將平常感受資訊的方式（約有百分之七十由視覺支配）關上，試著讓人類的五感回復運作。

當然，如果是居住在可以在黑暗中仰望星空的地方的人們，也許不需要這樣的活動設備吧！

因為他們可以只是靜默地用耳朵傾聽星星的聲音。

Chapter 7

第 **7** 章

用想像力打敗敵人

大膽不敗的求體積方法

有沒有想過「在切蛋糕時候，如果不用平常的方法來切的話會怎麼樣」呢？

因為我希望自己吃很多，所以，我得仔細想想。看起來問題點應該就是體積吧！

問題 7-1

在平面ABCD上切蛋糕，試求切下來的部分的體積。底面邊 10 公分的正方形，A 的高是 7 公分，C 的高是 1 公分。

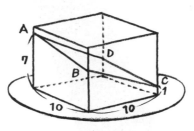

這個題目有好幾個解法，譬如像以下的解法❶。

問題 7-1 的解法❶

因為從頂點 C 到底邊的長是 1 公分，所以，我們可以將它想成是從 A 往上 1 公分的長方體（也就是將長方體的高勉強當做是 8 公分）。這樣一來，我們就很容易知道，立方體的上部和下部成為一體的立方體，這一切斷就是將長方體切成一半。

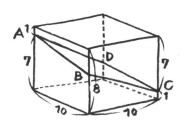

因為高 8 公分的長方體體積是 $10 \times 10 \times 8 = 800$（立方公分），因此，所求的立方體體積就是它的一半 **400**（立方公分）。

問題 7-1 的答案　　400 立方公分

注意筷子的兩端和端點

就這麼解決了問題當然可喜可賀，但是，為了擴大思考的範圍，讓我們一起來想想別的方法吧！

問題 7-1 的解法 ❷

如將立方體想成是很多細長的長方體，即如筷子般長方體的集合。雖然數學裡講「近似」，但在這裡則是「近似」加上「代換」的思考方法。當然，每支筷子的長度都不同，A 是最長的，C 是最短的。

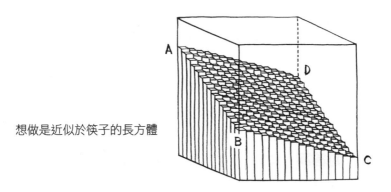

想做是近似於筷子的長方體

如果要取所有筷子的長度的平均值，那麼結果會是怎麼樣呢？

將 A 的長和 C 的長加起來除以 2，就會剛好和位於 AC 的中點的筷子長度相等。AC 的中點，就是兩條對角線 AC、BD 的交點 G。而通過點 G 的線，都會在點 G 分成相等的兩部分。

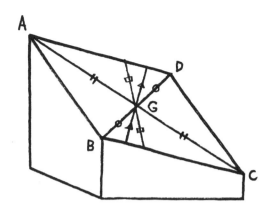

通過點 G 的線，都會在點
G 分成相等的兩部分。

　　因此，立方體的平均高度會與線段 AC 和 BD 的交點 G 的高
相等。若將高於交點 G 的筷子切斷後，接到低於交點 G 的筷子
上，那麼，所有的筷子都會變成和交點 G 的高度一樣。

交點 G 的高是立方
體的高

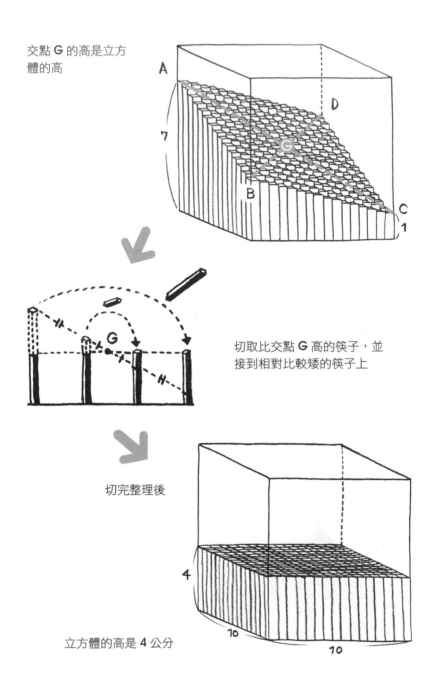

切取比交點 G 高的筷子，並
接到相對比較矮的筷子上

切完整理後

立方體的高是 4 公分

根據筷子的移動，圖形會變成長方體。而且，A 和 C 的中點 G 所在的位置即是平均高度，所以

$$\frac{A\,的高+C\,的高}{2} = \frac{7+1}{2} = 4。$$

因此，長方體的體積是 $10 \times 10 \times 4 = 400$（立方公分）。

這樣一來，以下事實就會成立：

「長方體被某個平面切割後的立方體體積，其所切的面（平行四邊形）的對角線交點的高，就是平均的高。」

具體來說，這以切口的平行四邊形 ABCD 的 A 和 C（或者是 B 和 D）的高度平均當做是高的四角柱體積相同。其實，這個原理是被稱為「Pappus Guldinus 定理」（Pappus Guldinus theorem）的特例。

因此，解法❷的好處是，即使碰到較複雜的立方體，也可以應用來解題。這個解法在接下來的問題中也可以派上用場，不過，這回不是切蛋糕，而是切羊羹。

問題 7-2

　　三邊的長度分別是 5 公分、9 公分、15 公分的長方體兩端，如圖以兩個平面切割，求中間的立方體體積。

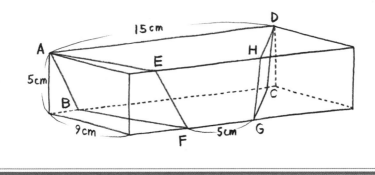

問題 7-2 的提示

　　將立方體當做近似於細長方體，求其平均長度即可。

切取的圖形如果當做近似於筷
子，那中間的筷子（IJ）的長
就是平均長度。

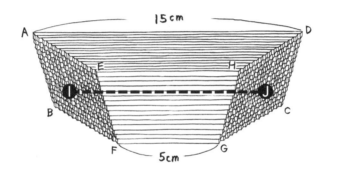

中間筷子的長度（點 I 和點 J 連結的線）就是平均長度。
而且，線段 IJ 的長度可以像下圖般簡單的計算出來。

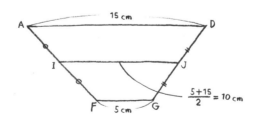

因此，體積就是5×9×10＝450（立方公分）。

問題 7-2 的答案　450 立方公分

三角形有中心嗎？

如果我們的討論就這樣結束並不太有趣。那麼，讓我們更進一步地來看它的發展。

學數學所得到的能力，不只是計算能力和背公式的記憶力（當然也不能小看這些能力喔！）其實還可以得到更厲害的能力。那就是將事物「類推的能力」和「一般化的能力」。

問題 **7-2** 的四角柱的計算方法，能不能用在其他的圖形上呢？只要這樣思考就會培養出那些厲害的能力。

我們就來想想看吧！

到目前為止，只有舉出立方體和長方體被平面切割的例子。而立方體和長方體，又可以說是四角柱。因此，在「**Pappus-Guldinus** 定理」裡，「中心點」是關鍵字。不管怎樣，如果是底面（也可以說是平面所切的切口）上有中心點的圖形，好像就可以順利解決。

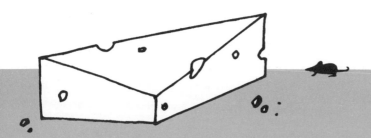

圓柱和橢圓柱都近似一束筷子。如果所有筷子的高都像中間的筷子的高，就可以應用的上了。讓我們再稍微將範圍擴大些吧？

三角形又怎麼樣呢？這個和「三角形有中心嗎？」的問題有關連。

其實，一般來說，三角形並沒有中心。但是，靠近中心的倒有幾個。它們分別叫做：

外心（三角形外接圓的圓心，到三頂點等距離的中心）

內心（三角形內接圓的圓心，到三邊等距離的中心）

重心（質量的中心）

其他還有稱為「垂心」的點。

因為有不同的名字，所以一般可知這些都是不一樣的點。因此，我們沒辦法說出哪個就是中心。

外心
外接圓的圓心

內心
內接圓的圓心

重心
三邊中線之交點（從各個頂點到對邊的中點所連接的線的交點）

垂心
三邊的高之交點（從各個頂點到對邊所做的垂線的交點）

找出中心點來！

三角形沒有中心點……，我們不能因為遭受挫折就放棄了。必然有什麼良策才是。且讓我們想想看接下來的問題，找出方法來吧！

問題 7-3

底面積是 30 平方公方，A 的高是 10 公分，B 的高是 9 公分，C 的高是 5 公分的三角柱。用平面切割後得到立方體，請問這個立方體的體積是多少立方公分？

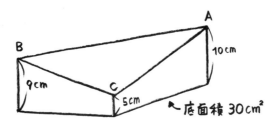

剛才說「一般來說三角形沒有中心點」，之所以這樣說是因為有非一般的情況，也就是特殊情況。那麼，究竟是什麼情況呢？

我們馬上就會知道了。那種情況就是正三角形。正三角形的中心就位在正中央，而且，正三角形的外心、內心、和重心，全都在正中央那個點上。那麼，這個點就乾脆叫做中心點也不為過吧！

因此，底面是正三角形的情況下，中心點即是決定立方體的高的關鍵。

從底面的中心點向上垂直延伸的線（也就是垂線）的長，就是高的平均值，對吧！如果知道了立方體的平均高，就可以運用「體積＝底面積×高」的公式來求體積。

問題是，若恰好跟這個中心點的高相同，我們如何將它想成是一般的三角柱呢？也就是說，遇到「底面是非正三角形的立方體的體積」的問題時，我們又該如何利用呢？

讓我們再試一次使用筷子來近似問題 **7-3** 的立方體吧！如果底面是正三角形，只要有中心點，我們就可以求體積。因此，我們運用筷子來操作看看如何讓底面成為正三角形吧！

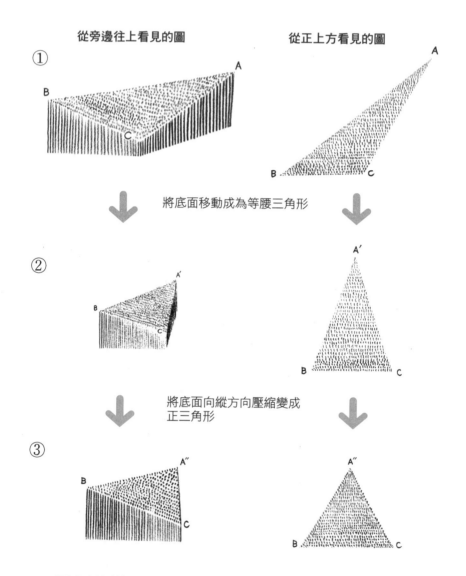

從旁邊往上看見的圖　　　從正上方看見的圖

① 將底面移動成為等腰三角形

② 將底面向縱方向壓縮變成
正三角形

③

　　圖①是用筷子做出近似於問題 **7-3** 的立方體的樣子。左側是從旁邊往上看見的圖，右側則是從正上方看見的圖。

　　首先，移動筷子將底面變成等腰三角形。圖②顯示的，就是變形後的圖形。這時候，立方體的體積並沒有改變。

其次，將底面朝縱向壓縮，底面就會變形成正三角形。也就是說，筷子會稍微變細。這時體積只會減少壓縮的部分，但筷子的相對位置關係（比）並不會改變。

如果倒過來，正三角形要再變回等腰三角形，等腰三角形再回到最初的三角形，最後，再回到原來的立方體的話，筷子的寬度和位置就會改變，但平均的高和中心（也就是表示平均的高的筷子所在處）的位置關係並不會改變。

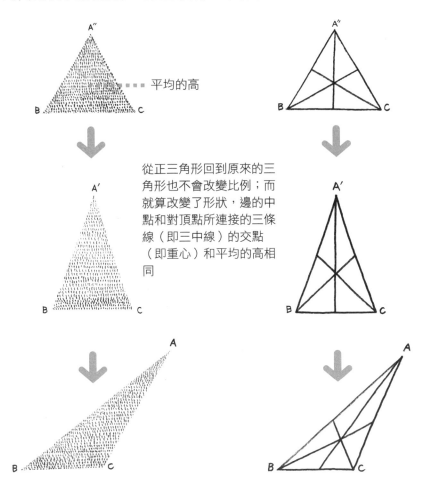

平均的高

從正三角形回到原來的三角形也不會改變比例；而就算改變了形狀，邊的中點和對頂點所連接的三條線（即三中線）的交點（即重心）和平均的高相同

重心是什麼？

　　我們已經舉出接近中心點的有外心、內心與重心，然而，這裡面依比例決定的是重心。

　　這裡就來說明「重心是什麼？」

　　如圖，重心是各邊的中點（將邊兩等分的點）與對頂點連接的三條線（即是三中線）的交點。

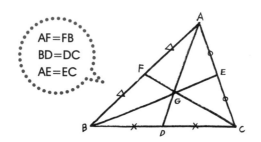

重心就是各邊的中點與對頂點連接的三條
線的交點，只要支撐重心就會平衡

　　所以，那個交點（重心）將中點和對頂點的連線內分成 2：1，也就是以下會成立。

　　AG：GD＝2：1

　　BG：GE＝2：1

　　CG：GF＝2：1

　　相反地，我們也可以這樣定義：

　　「BC 的中點是 D，將 AD 內分成 2：1 的點 G 就是重心」。

其理由如下：

下一頁裡的圖中，若是在BC上取F（AD和EF平行，E是AC的中點），

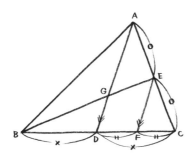

從 E 做一條線和 AD 平行，
並和 BC 交在 F，那麼
BD＝DC
AE＝EC

根據中點連結定理 $EF = \dfrac{AD}{2} \cdots ①$

又 $DF = CF = \dfrac{BD}{2}$

而 BD：BF

$= BD：（BD+DF）$

$= BD：（BD+\dfrac{BD}{2}）$

$= BD：\dfrac{3}{2}BD$

$= 1：\dfrac{3}{2}$

中點連結定理是什麼？

圖中的兩直線平行且
滿足 PR：PQ＝2：1，
且 $m = \dfrac{1}{2}l$

所以，$BF = \dfrac{3}{2}BD$

也就是說，△BDG如果擴大$\dfrac{3}{2}$倍就變成△BFE。

因此，根據①，$GD = \dfrac{2}{3}EF = \dfrac{2}{3}（\dfrac{AD}{2}）$

又 $GD = \dfrac{AD}{3}$

這裡就意味著 AG：GD ＝ 2：1。

求體積的攻略公式

我們接下來就來求問題 **7-3** 的立方體的高吧！底面是正三角形時，只要求中心的高就好。因為底面是正三角形的話，三個頂點到重心的距離相等。又不論是從哪個頂點出發都會在一樣的位置，所以立方體的三頂點的高的平均值，不就可以預測它是立方體的高嗎？

讓我們實際上來計算看看吧！

如圖，取 BC 的中點 P，取 AP 的三等分點 R、Q，這樣一來，Q 就是重心。

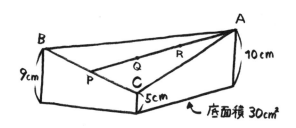

取三等分 AP 的點分別為 R、Q，其中 Q 就是重心

首先，點 P 是 B 和 C 的中點，所以，我們就可以求出

點 P 的高 $= \dfrac{9+5}{2} = 7$（公分）。

點 R、Q 將線段 AP 三等分，點 A 的高是 10，點 P 的高是 7，於中間放入 9、8 就正好是 10、9、8、7 成為等間隔的數列。也就是說，若假設點 R、Q 的高分別是 9、8，AP 就會是直線。

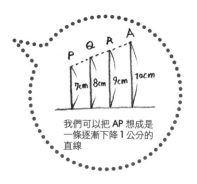

我們可以把 AP 想成是一條逐漸下降 1 公分的直線

因此，我們知道重心 **Q** 的高是 **8** 公分，而這也是立方體的平均高度。

如此一來，所求的立方體的體積就是底面積×高，也就是 **30×8＝240**（立方公分）。

問題 7-3 的答案　240 立方公分

這裡請注意一下高度 **8**。**8** 是利用點 **A**、**B**、**C** 的高

$$\frac{10+9+5}{3}=8$$

所計算出來的。

中心的高是 **3** 頂點的高的平均，因此，可說這個預測是正確的。

此外，立方體變形的時候，因為比例並不會改變，所以等腰三角形的平均高也就可以說是和重心的高相等。還有，只經過移動變成等腰三角形的原三角形也是一樣，可以說平均的高和重心的高相等。

一般來說，三角柱被某平面切割時，若三個頂點的高分別是 a 公分，b 公分，c 公分，則重心的高就 $\frac{a+b+c}{3}$（公分）。

而且，當三角柱被平面切割時，如果底面 ΔABC 的面積是 S 平方公分，又三個頂點的高分別是 a 公分，b 公分，c 公分，則它的立方體體積是

$$\frac{a+b+c}{3} \times S\text{（立方公分）。}$$

讓我們試著證明在一般的情況下，
重心的高等於三個頂點的高的平均值。

A、B、C、D 的高分別是 a、b、c、d，又三角形的頂點是 A、B、C，其高由大到小的順序為 a、b、c。

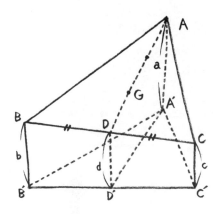

BD = DC
AD：GD = 3：1

D 是 BC 的中點，所以，如圖從橫向看立方體的時候，d 是

$$d=\frac{b+c}{2}\cdots\cdots①$$

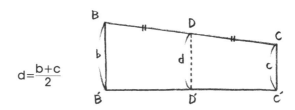

$$d=\frac{b+c}{2}$$

接下來，注意將 AD 分成三等分的 D 側的點 G，用 a 和 d 試著來表示 G 的高。

將平面 ADD'A' 切取出來後，會變成下圖。

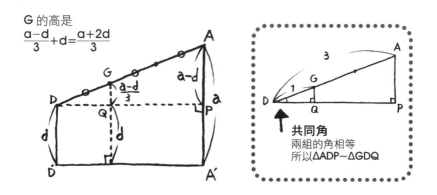

G 的高是
$$\frac{a-d}{3}+d=\frac{a+2d}{3}$$

共同角
兩組的角相等
所以 △ADP～△GDQ

於這個平面上，從 D 向 AA' 做一條和 D 一樣高的線，跟 AA' 的交點是 P，再從 D 向底邊做一條垂線，和 DP 的交點是 Q。

因為 △ADP～△GDQ（～表示相似），相似的比是 3：1

所以 $GQ=\frac{1}{3}AP=\frac{a-d}{3}$

那麼，G 的高就如下式：

$$\frac{a-d}{3}+d = \frac{a+2d}{3}$$

$$= \frac{a+2(\frac{b+c}{2})}{3} \cdots\cdots （代入①）$$

$$= \frac{a+b+c}{3}$$

因此，這就證明了重心的高等於三頂點的高的平均值。

重心和體積的親密關係

從這個證明，我們可以得出一個很有趣的結論。

如下所示的立方體是一個普通的錐體，高6公分，底面積20平方公分，體積也可以簡單的求出是 $\frac{20 \times 6}{3} = 40$（立方公分）。

高6公分底面積20平方公分的話，其體積＝6×20÷3＝40（立方公分）

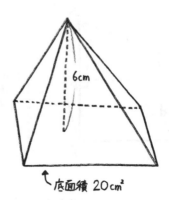

6cm

↖ 底面積 20cm²

那麼，我們為什麼知道計算錐體的體積是 $\dfrac{底面積 \times 高}{3}$ 呢？

「因為教科書裡是這樣寫著。」

嗯……也對啦！由於我一直以來都在撰寫教科書，做為一個作者實在身不由己，只能說：「這是很有說服力的答案。」但是，如果考慮以下的想法，也許就可以找到自己也能接受的說法。

首先，從這個四角錐的頂點向底面做一條垂線，這個垂線跟底面的交點是 H，點 H 和頂點連接起來的高 h，就是錐體的高。

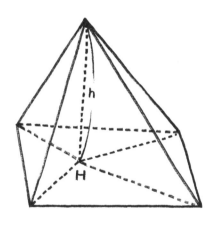

然後，以點 H 做為基準點，將底面的四角形分割成四個三角形。將其中一個切取出來，那麼，這個切取出來的三角錐的體積會是多少呢？如果我們利用剛才所使用過的方法，亦即「三個頂點的高的平均可以想成就是立方體平均的高」，那麼，我們就可以很順利解出來了。

切取出來

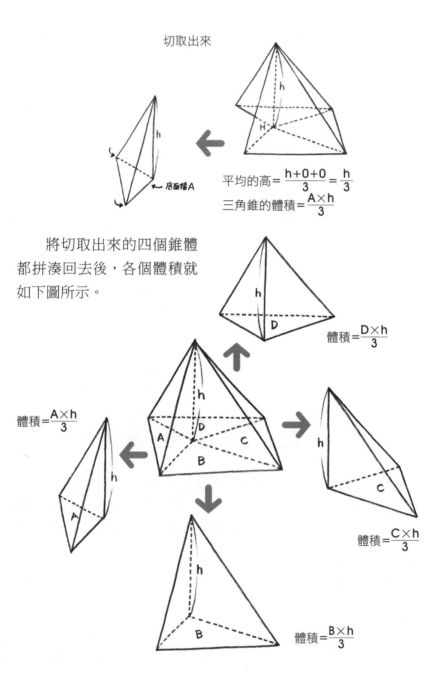

平均的高 = $\dfrac{h+0+0}{3} = \dfrac{h}{3}$

三角錐的體積 = $\dfrac{A \times h}{3}$

底面積A

將切取出來的四個錐體都拼湊回去後，各個體積就如下圖所示。

體積 = $\dfrac{D \times h}{3}$

體積 = $\dfrac{A \times h}{3}$

體積 = $\dfrac{C \times h}{3}$

體積 = $\dfrac{B \times h}{3}$

因此，四角錐的體積就等於所有三角錐的體積加總起來。

$$體積 = \frac{A \times h + B \times h + C \times h + D \times h}{3}$$

$$= \frac{(A+B+C+D) \times h}{3}$$

其中，四個三角錐的底面積的和 A+B+C+D，就是原來的四角錐的底面積。所以，我們知道：四角錐的體積就是 $\frac{底面積 \times 高}{3}$。

雖然這裡舉出了四角錐的例子來做思考，但是由於我們是以點 H 做為基準點，來分成幾個三角形。所以，五角錐、六角錐也可以用同樣地方法來思考。也就是說，如果是 n 角錐的情況，通常公式都會成立。

阿基米德的著眼點

最後，為什麼圓錐的體積也可以用

$$\frac{底面積 \times 高}{3}$$

來計算呢？

事實上，這可以利用下列事實來說明：如果正多角形的邊數一直增加下去，很快地就會變成圓形。譬如說，正六角錐的體積是「底面積×高÷3」，那麼，如果我們持續增加邊數，就算變成正九十六角錐，也一樣可以用「底面積×高÷3」來求體積。正九十六角錐的底面，也就是正九十六角形，幾乎可以說是近似於圓的形狀。因此，正九十六角錐幾乎近似於圓錐。換句話說，無論錐體的底面是多角形還是圓形，思考的方法都一樣，對吧！

這個「增加正多角形的邊來近似於圓」的方法，就是阿基米德求圓周率時所用的方法。

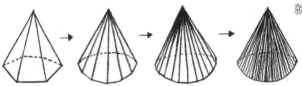

多角形的邊若是以兩倍的速度增加，最後就會近似於圓

正六角錐
底面是六角形

十二角形

二十四角形

因為九十六角形就幾乎是圓，所以正九十六角錐幾乎就是圓錐

169

近似技巧

近似的技巧可以提高簡報的能力

第二章出現的「卡瓦列利原理」（岡部老師的命名是「糞便凸出法則」），還有本章出現的「Pappus-Guldinus 定理」（換成岡部老師的説法就是「糞便變形的法則」？！）」都是轉換成近似視覺上的東西以幫助看穿事物本質的技巧之一。

如果我們想辦法變換成近似的形狀，就可以將複雜的問題變簡單。數學的迷人魅力就在這裡。

關於平面的情況，三角形的頂點只要保持和底邊平行，不管怎樣移動，它的高都不變，所以，面積也都會相等。像這樣的感覺應該是學過數學的人都懂的吧！但是對於立體的情況下，例如説想像一束筷子讓它變形就好的感覺，這對大部分的讀者來説應該會是新鮮的經驗。

電腦的最新技術裡有「變形」（morphing）這樣的東西。譬如説，將自己的臉跟大猩猩的臉都做成圖檔放進去之後，大猩猩的臉就會逐漸變形成近似於自己的臉，到最後會變成自己的臉。這就是「變形」所提供的視覺效果。在電影裡則相反，從人類變成怪物的場景經常被使用。

「比方說」的效用

「現實世界」裡的人類和人類的溝通中，「近似技巧」幾乎在所有的情況下都會出現。

從前的故事就是「比方説」。

為了將想傳達的概念簡單易懂地表現出來，人類從以前就開

始使用這個技巧，並且加以磨練嫻熟。

　　為了傳遞如下概念：「無論是多麼小的努力，只要每天持續累積的話，總有一天會有回報的」，「龜兔賽跑」的故事廣為人知。現在不需要再複習一遍故事的原委，從烏龜的例子也可以做「不管牠跑得有多慢，只要堅持努力到比賽的最後一秒鐘，終究會獲得勝利」的解釋。從兔子的例子來看，也可以解釋為「雖然具備才能卻小看對手而偷懶的話，也會徒勞無功」。

　　在數學上是「近似技巧」，而在言語上是「比喻技巧」。 與其將概念直接講出來，藉由比喻反而更可以強烈地看穿其本質。想想看，這是多麼不可思議的事啊！

　　大概是人類的大腦對於，被比喻的事情總能刺激更多的神經細胞，活性更多突觸，而與相關的記憶、知識和經驗、以及感覺等產生連結，而使得印象更加強烈。

　　「比方說」的故事就算不知道細節，只要運用「兔子」非常敏捷、「烏龜」非常遲緩這一對比，連小朋友都可以了解這個比喻。

　　此外，雖然「螞蟻和蟋蟀」也是傳達相同概念的材料。但是，如果從來都沒有讀過這個故事，那就不一定會連想到「無論是多麼小的努力，只要每天持續的累積，總有一天會得到回報的」的概念。故事裡面的結論是：「因為螞蟻是勤勞的，所以每天都一點一點在儲存食糧為嚴冬做準備。可是，蟋蟀只是每天玩樂、懶惰不做準備，所以，到冬天後就來不及了。」不過，我們根本不知道螞蟻是不是生來很勤奮，或者，蟋蟀真的就像是游手好閒的人一樣。而事實上螞蟻生來勤奮，蟋蟀像是游手好閒的人，這樣的概念並不是生物學的事實。因此，這種說法只不過是故事的作者穿鑿附會，使牠們成為故事中有趣的

角色而已。

　　所以，利用「兔子」很敏捷、「烏龜」很遲緩（這兩者對孩子們來說，十分容易聯想）這樣的事實來做比喻，既簡單又印象深刻。

　　或許也有持反對意見的讀者吧！但是，這裡我們並不是要討論哪一個故事比較有趣，哪一個故事的涵義比較深遠，甚至於哪一個故事給大人留下深刻的印象。一旦了解故事之後，接下來大家覺得哪一個比較有影響力，這和每個人腦內所儲存的記憶是否相容的問題有關。所以，當然會有好惡的分別。

　　「龜兔賽跑」不過是做為一個簡單的近似技巧，更能直接接近本質的好例子罷了。

傑出的經營者有很強的比喻能力

　　在「現實世界」裡工作傑出的人，幾乎沒有例外地都有著很好的「比方說」的能力。

　　「那就是這樣吧！」像這樣的說法經常被使用。

　　新車款的開發市場也是如此。剛開始是在企劃會議裡構思，「比方說」這次的新車有著什麼樣的故事，是哪些角色的人物（或是家族）乘坐的。例如，有車商曾將如下的開發概念——「一輛尊榮男士的車，隱藏著充滿力量的野性外觀，在城鎮中仍可以非常安穩地奔馳著」，比喻成「一輛最適合以下場景的車子：穿著正式西裝的霸氣雄獅，從充斥著高樓大廈的街道向宴會場所狂奔而來」。

　　開發部的全體員工將這個形象共有化，然後製作詳細的說明。最後，果然將那款車款推向暢銷車之列。

　　顯然只要利用一個「比方說」，就能讓企劃團隊馬上理解到

整個概念的領導者將來肯定是成功人士。由於溝通的效率極高，企劃也就能順利的進行。

反之，聆聽「比方說」的對象，也就是聆聽的一方，也必須要注意傾聽。

無論商品還是展示會，每個宣傳場合都很自然地必須強調商品優點。因此，聆聽的一方必須判斷那個「比方說」是不是正確的。

舉例來說，如果用「有著一面廣大的草原，陽光灑落下來，野生動物們很悠閒地休息的背景」來介紹商品，那麼，看到這樣的廣告之後，你可能會想像「這是對環境無害的商品」。因此，你感受到保護自然環境的魅力，進而購買了那個商品也說不定。但那個商品是否真的對環境無害呢？總之，對於「比方說」我們不要全盤接受，請大家努力地判斷那是否真的是正確的。

只要聆聽的一方謹慎的話，使用「比方說」的那一方也會更加謹慎。你如果也成為使用「比方說」的一方，那就應該要追求更確實的介紹才是。

所以在《自分「プレゼン」術（自我介紹的技巧）》（筑摩新書）裡，作者也有提到發表時引用「比方說」的注意事項：

「不管是多麼偉大的企劃，在作簡報時如果不利用對方腦中已存在的印象加以建構，那是沒辦法讓對方了解。就算是舉出了一堆對方都不知道的例子，到頭來也只會造成反效果。再說，對一個沒有印象的人，要介紹印象本身就是一件不可能的事。

舉例來說，如果有人知道 1 + 2 = 3，那也就是說那個人腦中已經有那樣的印象存在。那麼，如果說是 1 + 3 = 4 那個人也可以了解。但如果我們必須向連 1 + 2 = 3 都不知道的人介紹 1+3=4 的話，那將會是很辛苦的事。」（引用自該書第 3 章「實踐印象深刻的發表」）

　　近似通常必須介紹近似於對方腦中已有的印象，這也就是比喻的本質。

第 **8** 章
Chapter 8

驚人的類推

從砝碼的問題了解公式的涵義

本章的主題在於，使用天秤來測量物體重量時，儘可能地將必要的砝碼數減少。這也是思考該如何以最少的努力，獲得最大成果的訓練。

更進一步地，我們也要透過本章學習面對難題的應對方式，以及類推（analogy）的方法。

接下來，在讓大家使用天秤測量物體重量之前，我們先來說明測量的條件。

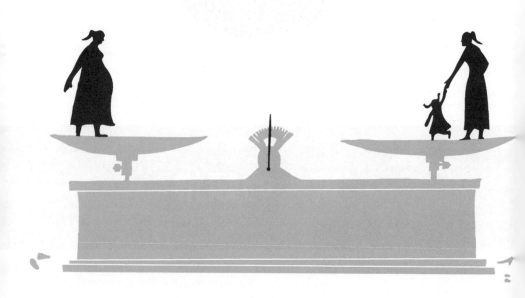

測量條件

①從 1 公克開始測量。
②以 1 公克為單位來測量。
③「量到 n 公克為止」是指「測量從 1 公克到 n 公克為止的整數值重量」。例如，在天秤的單側秤重時，運用 1 公克、3 公克、5 公克等三種砝碼，我們只能測量到 1 公克、3 公克、4 公克、5 公克、6 公克、8 公克、9 公克等數值。這是因為其中的 2 公克及 7 公克被漏掉了，所以，我們不能說「可以量至 9 公克」。

根據天秤的單側只能放置砝碼的情況（雖然這在自然科實驗中很普通），請思考下列的問題。

問題 8-1

　　使用三個砝碼，並以 1 公克為單位來測量物重。若想測量最多種重量，則○、△、□的值以幾公克表示才適當呢？

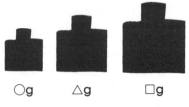

○g　　△g　　□g

　　有人馬上就知道答案了吧！不過，本章所要學習的重點之一，就是「面對難題時的應對方法」。因此，我們希望馬上解出問題 8-1 的人，也要想想「一下子使用三個砝碼是有點困難」的念頭，並試著從下一個問題開始解解看。

　　或許大家會有多此一舉的感覺，但這樣的應對方法，並不侷限於數學，而是在應對世界上所有問題時，所需要的基本且慎重的態度。了解面對難題的方法，比起解答出幾十題的問題來的更有幫助才是。

問題 8-2

　　使用兩個砝碼，並以 1 公克為單位來測量物重。若想測量最多種重量，○、△的值以幾公克表示才適當呢？

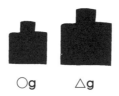

○g　　△g

　　以下我們將列出提示。不過，可能的話，請先自己思考一下。再者，如認為不需提示的人，則請不要看下面的提示先自己解解看。

問題 8-2 的提示

　　要測量 1 公克的重量，1 公克的砝碼是絕對需要的。因此，我們要準備一個 1 公克的砝碼。

　　接著，如果測量 2 公克的重量，還需要其他多少公克的砝碼呢？「1 公克」嗎？的確，倘若再新追加一個 1 公克砝碼，再加上原先的 1 公克砝碼，我們就可以測量 2 公克的重量。但是，這樣就滿足「最多種重量」的條件了嗎？

問題 8-2 的解法

　　若追加一個 2 公克砝碼，如圖所示，就可以測量 3 公克重量。

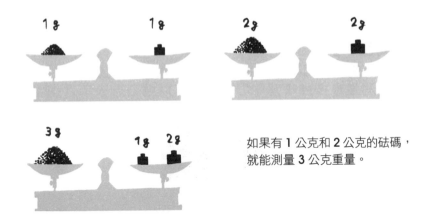

如果有 1 公克和 2 公克的砝碼，
就能測量 3 公克重量。

問題 8-2 的答案　○與△各為 1 公克、2 公克。

烏龜真的爬得那麼快嗎？

　　這個測量法將試著證明滿足「最多種重量」的條件。的確，如用兩個砝碼來測量 3 公克以上的重量，似乎是不太可能。但是，若有個十分質疑的人提問說：「說不定用其他重量的砝碼的話……」，而且，他無論如何也無法認同我們的方法時，那該怎麼做才好呢？

　　據說，數學的「證明」就是為了說服這種疑心病重的人所誕生的。「證明」這種方法，最初開始被使用於古希臘時代，也是詭辯家十分活躍的時代。詭辯家中就屬蘇格拉底（Socrates, BC496－BC399）最有名了。我在編寫國中英文教科書時，曾收錄一則蘇格拉底被其惡妻燦柏蒂責罵「總是做些沒有用的事」，而且被潑了一身水的軼聞。

　　接下來，僅次於蘇格拉底的有名詭辯家是齊諾（Zeno）。齊諾曾提出「阿基里斯和烏龜賽跑的時候，若是讓烏龜先於阿基里斯起跑的話，那麼阿基里斯一定不可能超越烏龜」的詭

辨，這指出了涉及無限（當時的）論理的缺點。

阿基里斯永遠追不上烏龜？

　　阿基里斯就如同知名的運動鞋品牌般，是跑步快到無人可及的希臘神祇。而烏龜卻像童謠裡的歌詞「～沒有比你走得更慢的了～」一樣慢吞吞，因此，說阿基里斯無法超過烏龜根本是謊言。其實，我在大學一年級時曾嘗試以**10**公里跑步來驗證齊諾的理論。我一開始就以衝刺躍居首位。根據齊諾的理論，最後應該是無人能超越我才是。而且，我為了貫徹信念，更在背後寫上「禁止超越」的文字。結果，大家都沒有守法（雖然是我自訂的法）的精神，我就這樣漸漸從隊伍中脫離落後了。

　　總之，詭辯家們十分活躍的時代，表示那是個如果缺乏說服力則該理論就不會被認同的社會。

　　雖然今日不像那時代一般，不過，我們為了說服別人，只要試著以書寫文章來表達，就可以弄懂不清楚的地方，並增加自己本身也確信的部分。請大家一定要和證明挑戰看看。

面對極度不信任你的對手，請這樣說服他！

只要使用兩個砝碼，我們就可以運用最多三種方式來測量重量的理由，用以下的樹形圖可以說明。在樹形圖裡，我們運用分枝來區別有載重的、無載重的砝碼。上方的箭頭為有載重的情況。

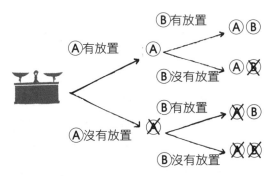

將 Ⓐ Ⓑ 兩個砝碼放置在天秤的單側時，全部共有四種情況。注有 X 符號的是沒有放置砝碼的情況

樹形圖裡雖然總共有四種情況，但是，天秤上若未放置任何砝碼時，數值為 0 公克，這不算是測量。因此，若以兩個砝碼測量，全部有三種方式。由於可測量 1 公克、2 公克、3 公克，且 3 公克是最多的可測量值，因此證明無誤。

以此思考方法做基準，來想想最初的問題 8-1 使用三個砝碼測量的情況。若使用兩個砝碼可以測量到 3 公克，那麼，增加一個砝碼就可測量 4 公克以上的值。

這裡要給個提示。

問題 8-1 的提示

　　剛才從一個砝碼（只能測量 1 公克）增加至兩個砝碼時，我們已經想過測量 1 公克及 2 公克的方法了。現在，我們就來想想該如何測量到 3 公克及 4 公克吧！

問題 8-1 的解法

　　砝碼有兩個的時候，我們可以測量到 3 公克的值。為了測量到 4 公克，則必須從 1 公克、2 公克、3 公克的砝碼中，擇一追加才能測量。但如果是追加 4 公克的砝碼會怎樣呢？如圖所示，應該可以測量最多種重量。

　　若是從 1 公克、2 公克、3 公克的砝碼中擇一來測量，因為同樣的重量會有不同的組合可以測量，所以會出現漏洞。舉例來說，追加的是 3 公克砝碼時，3 公克的重物由一個 3 公克砝碼就可測量。又如果使用一個 1 公克及一個 2 公克的砝碼也可以測量。也就是說，有兩種測量方式的結果是重複的。

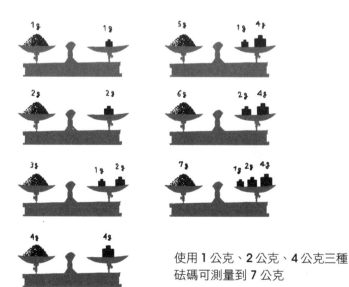

使用 1 公克、2 公克、4 公克三種砝碼可測量到 7 公克

由此可知，運用三個砝碼來測量多種組合的重量時，使用 1公克、2公克、4公克的砝碼是最好的。

問題8-1的答案 ○、△、□分別為1公克、2公克、4公克。

我們用樹形圖可以說明，使用三個砝碼測量時，可以測量最多種重量。這次，請注意分枝部分分成三個階段。上方的箭頭為「有放置」。

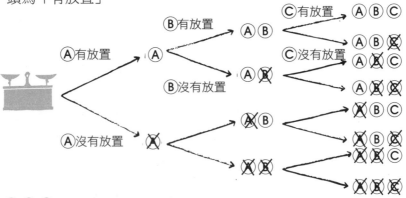

Ⓐ Ⓑ Ⓒ這三種砝碼被放置於天秤單側時，可測量的重量全部有八種

雖然全部有八種，但這裡 0 公克並不是測量所得，因此，我們可知七種是所求的最大值。

小發現造就大結果

我們只要複習一下至此的說明。就能使用 4 個砝碼的情形變得簡單。現在稍微來思考一下。

請仔細觀察重量到 7 公克時的天秤的圖（參考 183 頁）。請特別注意，測量 1 公克、2 公克、3 公克與測量 5 公克、6 公克、7 公克的情形。大家有沒有發現到，在測量 1 公克、2 公克、3 公

克時，如果旁邊各再追加一個 4 公克的砝碼，就會出現 5 公克、6 公克、7 公克的記錄數值嗎？

一開始，我們是使用 1 公克的砝碼（也寫作＝2^0），其次，以兩倍重的方式增加至 2 公克（＝2^1）、4 公克（＝2^2）。因此，砝碼由三個增加到四個時，接下來會增加到 4 的兩倍，也就是 8 公克（＝2^3）。

除了 1 公克、2 公克、4 公克的砝碼，如果我們也使用 8 公克的砝碼，就可以測量 8 公克重。之後，在使用 1 公克、2 公克、4 公克三個砝碼可測得 1〜7 公克的測量法時，我們分別再加上 8 公克的砝碼，就能測量 9〜15 公克。於是，這樣使用 4 個砝碼時，我們就可以測量 1〜15 的數值。

請看下面的式子。

$$1 + 2 + 4 + 8（= 15）= 16 - 1$$

注意到右側與左側的關係了嗎？

這個式子也可以表示如下。

$$1 + 2 + 2^2 + 2^3 = 2^4 - 1$$

此式的右側，是從樹形圖中所求出的方法數 2^4（16 種），將其中一種沒有意義的 0 公克去掉後的數。另一方面，左側的加法算式，則是表示將四個砝碼全放置於天秤單一側所測量的重量（15 公克）。15 公克是使用 4 個砝碼測量出來的最大數值。因為是以每公克測量的緣故，所以，最大物重的數值，恰好跟可測量的方法數相同。

從這個式子，一般可以推得下式且成立。

$$1 + 2 + 2^2 + \cdots + 2^n = 2^{n+1} - 1$$

這就是重要的「類推」思考方法。

以類推得到的這個式子，我們在第 5 章裡計算單淘汰賽場數時也曾出現，對吧！

我們得以知道同樣的構造隱藏在各種地方，也是數學有趣的部分之一。

砝碼放置在天秤的兩端會如何？

接下來，思考天秤都載有砝碼的情況。

問題 8-3

使用三個砝碼，以 1 公克為單位來測重。若想測量最多種重量，則○、△、□的值各要幾公克才行？其中，天秤的兩端都要放置砝碼。

一下子要解開這種題目還是有些困難吧！我們先從砝碼有兩個的情況開始思考。從只有一端放置砝碼的測量方法，來推理出兩端放置砝碼的情況，這是很重要的類推。

問題 8-4

使用兩個砝碼，以 1 公克為單位來測重。若想測量最多種重量，則○、△的值各要幾公克才行？其中，天秤的兩端都要放置砝碼。

問題 8-4 的提示

為了測量 1 公克重量，1 公克的砝碼是絕對必要的。這樣就決定了一個，其次，是考慮如果要測量 2 公克重量該追加幾公克的砝碼。

因為追加的是 2 公克砝碼，和天秤單側載有砝碼的情況相同，這是無法活用天秤兩側都載有砝碼的優點的。如果讓天秤的一端載有較重的砝碼，另一端則載有較輕的砝碼，那麼情況會怎麼樣呢？

問題 8-4 的解法

如下圖所示，於兩端的秤盤上各放置一個砝碼，這樣就可測量出兩個砝碼的重量差為（△－○）公克。此外，因為△公克加○公克砝碼的和（△＋○）公克有三種測量方式，所以，總共可測得四個重量。由此可見，若是測量到 4 公克，這是可測量最多的方式。如果使用 1 公克及 3 公克的砝碼，我們就可以測量至 4 公克。

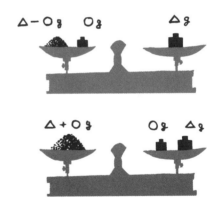

除了○公克、△公克外，因為有（△－○）公克和（△＋○）公克的測量方式，所以共有四種

問題 8-4 的答案　○與△為 1 公克及 3 公克的砝碼

而且，由上頁的圖可以同時知道其滿足了「最多種重量」的條件。

以此為基準，來想想問題 8-3。

問題 8-3 的提示

使用兩個砝碼，可測量至 1～4 公克重。砝碼數有三個時，也就是再加上一個砝碼，就可測量至 5 公克以上的重量。

天秤單側的秤盤上載有砝碼時，兩個砝碼可以測量至 3 公克重，增加至三個砝碼時，重點在考慮以下的值（也就是 4 公克）。

天秤兩側都載有砝碼時也可類推，想想要測量 5 公克重時該怎麼做。砝碼數有兩個的情況下，一個是 1 公克的砝碼，另一個該使用幾公克的砝碼呢？如果追加 3 公克砝碼，經過減法運算後（3 − 1 = 2）可得 2 公克的數值。天秤都載有砝碼的情況下，能有效地運用較重的砝碼減去較輕的砝碼所得的差值，是很重要的。

問題 8-3 的解法

減法運算後的差是 5 公克，所以，我們要追加一個 5 公克的砝碼。

因為兩個砝碼可測量至 4 公克，相當於 X − 4 = 5 中的 X 值，即為所求的砝碼重。追加的砝碼是 9 公克。

如圖，使用 1 公克、3 公克、9 公克三個砝碼，可以測量至 1～13 公克的重量。

請看圖的橫向排列。n 公克、（9 − n）公克、（9 + n）公克排在一起。請務必仔細地推測出這個問題的構造。

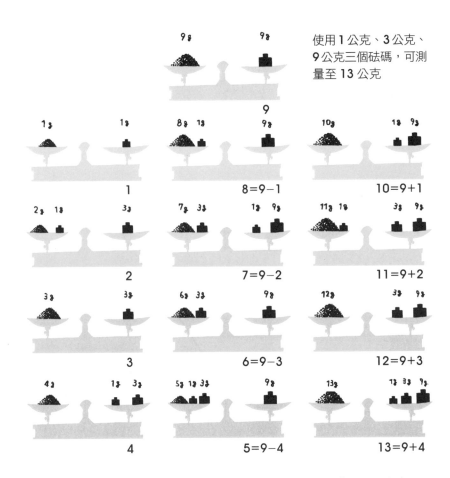

使用1公克、3公克、9公克三個砝碼，可測量至13公克

1

8 = 9 − 1

10 = 9 + 1

2

7 = 9 − 2

11 = 9 + 2

3

6 = 9 − 3

12 = 9 + 3

4

5 = 9 − 4

13 = 9 + 4

問題 8-3 的答案　○、△、□是 1 公克、3 公克、9 公克

　　現在來說明，欲使用三個砝碼來測量最多種重量時，使用 1 公克、3 公克、9 公克三種砝碼是最合適的理由。

　　把天秤兩端的秤盤各命名為 A、B。此外，不使用的砝碼放在 C 盤（預備台）上。

如何將三個砝碼放置在 A、B、C 中的方法是，一個砝碼有
A、B、C 三處可以選擇，因此就有三種方法。砝碼為○、△、□三
種時，若依照○要放在哪個秤盤裡就有三種方法，然後△……
的順序思考，則可以用下面的樹形圖來表示。中間橫向的箭
頭，表示放置在 C 盤中的情況。

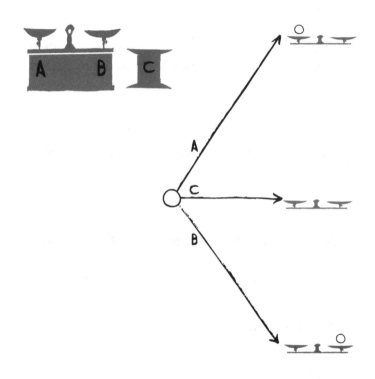

將 1 公克、3 公克、9 公克的砝碼放置
於天秤兩端時，總共有 27 種方法
（圖中以▲取代△表示）

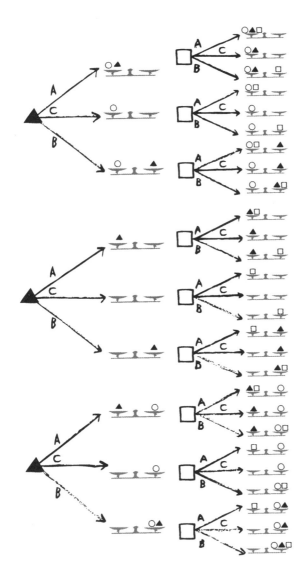

由此可知，全部的情況有$3^3 = 27$種。其中由於三個砝碼一起放置在C盤的情況下重量是 0 公克，所以，不能算是測量。因此 $27 - 1$，總共有 26 種。

　　再者，A 盤與 B 盤就算互換，我們可以測量的重量也是相同的。這與前一頁的樹形圖中，砝碼的裝載方式以中央作為分隔剛好互相對稱的形狀對應。因此，量得的重量是 26 除以 2，所得的 13 為最大值。

以「類推」求得的驚人結果

　　使用四個砝碼測量時，也可以做同樣地思考。

　　依序放置一個砝碼到 A、B、C 三處其中之一的方法，光是每個砝碼就各有三種。因為這次是四個砝碼，所以，我們得到的情況數有 3^4 種。其中去掉 0 公克的情況，就得到3^4-1種。

　　而 A 盤與 B 盤就算互換，可以測量的重量也會相同，所以，總數是（3^4-1）$\div 2 = 40$。因此，我們就知道有 40 種測量方式。所使用的砝碼是 1 公克、3 公克、9 公克、27 公克等四種。

　　歸納如右。

使用三個砝碼的情況

因為有$3^3 - 1$個裝載方法（除去將全部砝碼放置在預備台 **C** 的情況），所以我們可測量到的最大重量是 **13** 公克（$= \dfrac{3^3 - 1}{2}$）。

使用四個砝碼的情況

因為有$3^4 - 1$個裝載方法（除去將全部砝碼放置在預備台的情況），所以我們可測量到的最大重量是 **40** 公克（$= \dfrac{3^4 - 1}{2}$）。

所有使用的砝碼的總重，是可測得重量的最大值，因此，我們若想得所可測得的最大值時，則用以下方法也可以求出。

使用三個砝碼時，

$$1 + 3 + 9 = 13$$

使用四個砝碼時，

$$1 + 3 + 9 + 27 = 40$$

根據上面可得出以下的式子:

$$1 + 3 + 9 = \dfrac{3^3 - 1}{2}$$
$$= 13$$
$$1 + 3 + 9 + 27 = \dfrac{3^4 - 1}{2}$$
$$= 40$$

兩個式子的左側，都是指放置全部的砝碼在天秤單側時的總重量（也就是最大重量）。因為從 1 公克開始就以每公克為單位來測量，所以，可測得的最大重量應該和測量的方法數相同。

另一方面，式子右側是從樹形圖計算出來的測量方法的數目。本來左邊的單位是「公克」，和右邊「方法數」的單位是不一樣

的，但將兩個連接在一起，就成了有趣的式子。

　　將式子一般化之後，我們可導出下面的式子。這個就是類推的結果。

$$1 + 3 + 9 + \cdots + 3^n = \frac{3^{n+1}-1}{2}$$

　　再回想一下，天秤單側載有砝碼時所得的式子（參照 186 頁）。是這樣，對吧！

$$1 + 2 + 4 + \cdots + 2^n = 2^{n+1}-1$$

　　如果將兩個式子並列一起寫，就可以得到:

$$1 + 3 + 3^2 + \cdots + 3^n = \frac{3^{n+1}-1}{2} \cdots\cdots\cdots ①$$

$$1 + 2 + 2^2 + \cdots + 2^n = 2^{n+1}-1 \cdots\cdots\cdots ②$$

　　式①的左邊是連乘 3 後的總和，式②則為連乘 2 後的總和。

　　這裡請注意右邊的分母。式①的分母是 2，也可以表示成「3 − 1 = 2」。式②的分母是 1，也可以表示成「2 − 1 = 1」。

式①
$$1+3+3^2+\cdots+3^n=\frac{3^{n+1}-1}{2}$$

$$3-1=2$$

式②
$$1+2+2^2+\cdots+2^n=\frac{2^{n+1}-1}{1}$$

$$2-1=1$$

因此，可類推成下方的式子。

這式子被稱作「等比數列的和的公式」。

1　3^1　3^2　3^3
3倍　3倍　3倍

前項所乘的某特定數成為次項的數列，叫做等比數列。

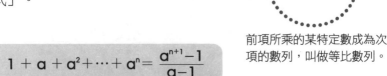

$$1+a+a^2+\cdots+a^n=\frac{a^{n+1}-1}{a-1}$$

沒想到竟然從砝碼的問題，可以推論到等比數列的和的公式。

數學課裡常常會出現很多公式。但不是只有死記公式，大家也要像這樣注意公式的背景由來，如此一來，說不定可以接觸到數學的神秘面呢！

岡部

類推技巧

擁有八種技巧，未來就掌握在你手中

本章裡再次發現到，「從天秤的問題中，即使是討論使用幾個砝碼的情況，也可以導出一般公式」的這件事。

像這樣思考使用兩個或三個的情況時，一般就是以「樹形圖」等來分類的，這種**類推技巧**就是預測「現實世界」的未來的重要方法。

「現在如果是這樣，未來也會是如此吧！」

「氣象圖裡的鋒面若如此接近，明天的天氣應該會變壞。」

「如果手機這麼受女性青睞，那麼若是推出附有可愛的手機吊飾的產品，一定會大賣。」

這種新產品推出市場時，大部分的企業都會先透過在小型區域中舉辦一種被稱作測試販賣的活動，以此不斷嘗試錯誤，最後才會決定於全國販售。譬如説，將可能販售的新罐裝飲料，單在某特定區域內試賣，調查銷路和被視為目標的顧客屬性（什麼樣的人會購買）是否和當初的假設有所誤差。

從觀察「不同數量的砝碼」的重量增加方式，來算出對應當砝碼數一口氣增加時可以解的公式，也是運用相同的方法。

這本書**不僅將數學的思考技巧的精髓視為「看穿本質的能力」，同時也是「看穿未來的能力」**。

因此我常對孩子們説：「數學是將未來掌握在手中的能力」。

國文是透過閱讀而獲得的讀解能力，所以是「將過去掌握在手上的能力」。因為很多作者是在兩年，或是二十年的歲月

中，經過不斷地收集資料、努力不懈的思考才寫成稿件，然後由編輯者將這些稿件編集成讓讀者容易理解的一本書，使我們能將經過作者整理後的「過去的龐大資產」在短時間內盡收腦中。

順帶一提，我本身也是著作超過二十本書的作者。為了寫出一本書，通常需要半年至一年的準備期。在這之後，寫作半年、校正、編集、印刷過程半年，一共要花兩年時間。此外，準備時間裡至少要讀進十本左右的書籍資料才能開始下筆。

寫這本書時也一樣。剛開始是遇見岡部老師的舊作《考える力をつける数学の本（培養思考力的數學書）》（日本經濟新聞社出版），經過三個月共十四次，在家裡以兒子為實驗對象，一邊確認效果，一邊確立構想，光這樣就花了半年。之後，在品川女子學院持續教授半年共十一次的「現實世界的數學」的課程，我一面觀察學生們的反應一面創作，準備完成時已花了整整一年的時間。

這是為了讓讀者們可以品嘗到這份甜美的成果。

阿基里斯與烏龜

我進入高中後才意識到，**數學不單只是「計算問題」與「圖形問題」的解法，而是針對更根本的「詢問」的思考方式之一。**

一年級的時候班上有個喜歡數學的朋友，他總在午休時間不斷地談論著「數學家伽羅瓦（Galois Evariste, 1811-1832）的決鬥故事」或是「愛因斯坦的相對論簡單來說是什麼」等等。剛開始我對那些事蹟真的一點興趣也沒有，之後隨手翻翻他遞過來的書並大致看了一下，發現也有出現在本章中的「阿基里斯

與烏龜」的故事。

　　烏龜先出發的時候，這隻烏龜因為阿基里斯要花點時間追上它，可以超前在阿基里斯前面。阿基里斯要開始追烏龜時，因這時間差烏龜便可以更往前一點。這樣想的話，雖然差距逐漸減少，但阿基里斯是絕對無法超過烏龜的。（譯注：這就是有名的齊諾詭辨（Zeno's Paradoxes）裡其中一則。）

　　類似這樣的故事就叫做「paradox（詭辨）」，是古希臘的詭辯家互相測試對方的思考能力時所愛出的題目。

　　的確，那本書中寫了很多像這樣的問題。

　　「箭從弓發射出去時，先飛行到與靶有一半的距離處，再飛行一半的距離，接著又再飛行一半的距離⋯⋯這樣想的話，箭應該永遠到不了靶。」

　　但事實上只要射箭就一定能中靶。為什麼呢？

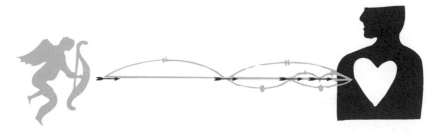

　　我對「數學」產生興趣前，先是被這種「詭辨」玩弄言語的帥勁無條件地迷住了。於是，我就沉醉在**以這樣不同的觀點來看在現實中理所當然會發生的事的趣味裡**。

　　也就是說，我在高一終於能夠接觸到「數學事物」的本質。而且不是從數學課裡學到的，是透過朋友帶來的刺激。當然，當時我還不認為那已經內化成為我的一部分。

　　然後，過了約三十年，在累積了二十年以上的上班族經驗

後，我開始不經意地，會像書中一般，將數學題與現實世界中的事件與現象連結，並看出事物本質的問題。

結果呢？就這樣磨練出「數學腦」來。

這本書是把我在那二十年裡在「現實世界」中所體驗到的真髓，和岡部數學的精華融合在一起編輯而成，希望能讓讀者分享其中真正有意思的地方。

刮風時，木桶商就能賺大錢？

類推的本質，就是「刮風時，木桶商就能賺大錢」的邏輯。

《成語林》（旺文社）一書這樣說：「颳起大風時因砂塵進入眼睛，會造成眼睛疼痛而失明的人增多。這樣一來，彈奏三味線的人會變多，於是製琴所需的貓皮就得從殺貓取得。貓的數目一旦減少，老鼠就會增加咬壞木桶，那麼製作木桶的訂單就會增加，木桶商就會因此而高興。」

這就是所謂的「①刮風」→「②失明的人變多」→「③三味線增產」（從前，失明的人的主要職業之一是彈奏三味線）→「④作為原料來源的貓減少」→「⑤老鼠增多」→「⑥木桶被咬破」→「⑦木桶商賺錢」七段論法。這也是「累積許多不正確的理論，而作出的誇大結論」的最好例子。雖然有些誇大的地方，但若抱持好玩的心態，就會發現這樣的思考訓練不僅不限於商業上，在各個領域也都有用處。

我也常被聘為主要幹部研習的講師，以「刮風時，木桶商就能賺大錢」的研究會來測試聽講者的「類推技巧」。

譬如，我常對股票作業員（證券公司的人）提出以下問題：「若今年冬天十分寒冷，且不景氣的狀況也持續下去，那麼，將會發生什麼情況？結果哪家公司的股價會上漲？」等問題。

於是，他們就有「①因為冬天寒冷所以就會想吃熱的食物」→「②但是因為不景氣，所以不去飲食店和餐廳，而是回家煮火鍋來吃」→「③導致瓦斯用量大，所以瓦斯公司賺大錢」這樣具體的類推。

　　對於本書的主題「看穿事物本質的能力」來說，這樣的三段論法和七段論法，會成為將某一現象與相關事物相互聯結思考時的工具之一。

對討厭數學和拒絕上學的小孩也是如此

　　據說日本的中、小學就有十三萬名學童拒絕上學，而高中生也有超過十萬人。若加上目前沒有出現在統計數字內的「因為某個理由而對上學感到痛苦的孩子們」，真正的數字應該超過統計結果的三倍。

　　有的學生無法跟上學習數學的進度，有的是頭腦太過聰明而裝笨，還有的則是已成熟到會思考人生的意義，而無法適應學校的制式化組織。我認為，若將國小、國中、高中生以一千四百萬人來計算，並將對學校系統所產生不適感的學生以具體的百分比數字來表示，反而更能完整反應出學校現況才是。這才是孩子們希望能讓學習更柔軟、更活潑的証明。

　　那些孩子們也想挑戰的數學，就在本書裡。

　　若讀者發現本書與課堂裡所教的數學教科書不合，那麼，既然數學是基本的素養，我們應該抱持何種的數學思維才好呢？我想，不管是哪一方面的問題，大家是否能對「數學」更具熱忱呢？家裡有討厭數學的孩子和拒絕上學的孩子的父母們，正是如此的煩惱著。這本書說不一定可以為您解答。

　　原因是，在本書中依序出現的「區別技巧」、「靠邊技

巧」、「捨棄技巧」、「合併技巧」、「簡化技巧」、「直觀技巧」、「近似技巧」以及「類推技巧」**這八個技巧的任何一個都是能掌握自己人生的技巧，也是為了發現自己與未來的連結點的基本「生存術」。**

國家圖書館出版品預行編目資料

要賺大錢你心裡要先有「數」：看穿事物的本質的
數學腦／藤原和博,岡部恒治作；陳昭蓉,李
佳嬅譯. --初版. - - 新北市：世茂, 2012.02
面；公分. -- (數學館；18)

ISBN　978-986-6097-40-9（平裝）

1. 數學

310　　　　　　　　　　　　　100024904

數學館 18

要賺大錢你心裡要先有「數」──看穿事物的本質的數學腦

作　　者／藤原和博、岡部恒治
譯　　者／陳昭蓉、李佳嬅
主　　編／簡玉芬
責任編輯／楊玉鳳
封面設計／比比司設計工作室
出 版 者／世茂出版有限公司
負 責 人／簡泰雄
登 記 證／局版臺省業字第 564 號
地　　址／（231）台北縣新店市民生路 19 號 5 樓
電　　話／（02）2218-3277
傳　　真／（02）2218-3239（訂書專線）
　　　　　　（02）2218-7539
劃撥帳號／19911841
戶　　名／世茂出版有限公司
　　　　　　單次郵購總金額未滿 500 元（含），請加 50 元掛號費
酷 書 網／www.coolbooks.com.tw
排　　版／辰皓國際出版製作有限公司
印　　刷／長虹彩色印刷公司
初版一刷／2012 年 2 月

定　　價／260 元
ＩＳＢＮ／978-986-6097-40-9

"JINSEI NO KYOKASHO-SUGAKU-NO O TSUKURU" by Kazuhiro Fujihara and Tsuneharu Okabe
Copyright © Kazuhiro Fujihara and Tsuneharu Okabe 2007.
All rights reserved.
Japanese edition published by CHIKUMASHOBO LTD.
This Complex Chinese edition published by arrangement with CHIKUMASHOBO LTD.,
Tokyo in care of Tuttle-Mori Agency, Inc., Tokyo through Future View Technology Ltd., Taipei.

合法授權・翻印必究
Printed in Taiwan

請沿虛線剪下裝訂寄回，謝謝。

讀者回函卡

感謝您購買本書，為了提供您更好的服務，請填妥以下資料。
我們將定期寄給您最新書訊、優惠通知及活動消息，當然您也可以E-mail：
Service@coolbooks.com.tw，提供我們寶貴的建議。

您的資料（請以正楷填寫清楚）

購買書名：＿＿＿＿＿＿＿＿＿＿＿＿＿＿＿＿＿＿＿＿＿＿＿＿

姓名：＿＿＿＿＿＿＿＿　生日：＿＿＿年＿＿＿月＿＿＿日

性別：□男 □女　　E-mail：＿＿＿＿＿＿＿＿＿＿＿＿＿＿

住址：□□□＿＿＿＿縣市＿＿＿＿＿鄉鎮市區＿＿＿＿＿路街
　　　＿＿＿＿段＿＿＿＿巷＿＿＿＿弄＿＿＿＿號＿＿＿＿樓

　　　連絡電話：＿＿＿＿＿＿＿＿＿＿＿＿＿＿＿＿＿

職業：□傳播 □資訊 □商 □工 □軍公教 □學生 □其它：＿＿＿

職業：□碩士以上 □大學 □專科 □高中 □國中以下

購買地點：□書店 □網路書店 □便利商店 □量販店 □其它：＿＿＿

購買此書原因：＿＿ ＿＿ ＿＿ ＿＿ ＿＿（請按優先順序填寫）

1封面設計　2價格　3內容　4親友介紹　5廣告宣傳　6其它：＿＿＿＿

本書評價：＿＿ 封面設計　1非常滿意 2滿意 3普通 4應改進
　　　　　＿＿ 內　　容　1非常滿意 2滿意 3普通 4應改進
　　　　　＿＿ 編　　輯　1非常滿意 2滿意 3普通 4應改進
　　　　　＿＿ 校　　對　1非常滿意 2滿意 3普通 4應改進
　　　　　＿＿ 定　　價　1非常滿意 2滿意 3普通 4應改進

給我們的建議：＿＿＿＿＿＿＿＿＿＿＿＿＿＿＿＿＿＿＿＿＿＿
＿＿＿＿＿＿＿＿＿＿＿＿＿＿＿＿＿＿＿＿＿＿＿＿＿＿＿＿＿＿
＿＿＿＿＿＿＿＿＿＿＿＿＿＿＿＿＿＿＿＿＿＿＿＿＿＿＿＿＿＿

傳真：(02) 22187539
電話：(02) 22183277

好書可以改變世界・好書可以拯救你

廣告回函
北區郵政管理局登記證
北台字第9702號
免貼郵票

231台北縣新店市民生路19號5樓

世茂
世潮 出版有限公司 收
智富